漁業国日本を知ろう
資料編 〈都道府県別データ〉

監修／坂本一男（おさかな普及センター資料館 館長）
文／吉田忠正・渡辺一夫

はじめに

　日本は四方を海にかこまれていて、北からは養分をたくさんふくんだ寒流の親潮が流れこみ、南からは暖流の黒潮や対馬暖流が流れこみ、周辺に豊かな漁場をつくっています。海の地形も、長い大陸棚や岩場、静かな内海、干潟など、さまざまな環境が見られ、それぞれにおうじてたくさんの種類の魚介類がすんでいます。こうした海を舞台に、沿岸漁業、沖合漁業、さらに遠くの海へでかける遠洋漁業がおこなわれています。

　とるだけでなく、育てる漁業もさかんです。マダイやブリ、ヒラメなどの養殖のほか、絶滅が心配されるクロマグロやウナギの養殖もすすめられています。稚魚をそだてて放流する、栽培漁業もさかんになりました。

　日本には海のない県も8県あります。そうした県でも、川や湖など内水面を利用した漁業や養殖業がおこなわれています。

　この巻では、各都道府県でどんな漁業がおこなわれているか、どんな魚介類がとれるのかをとりあげ、各都道府県の漁業のとくちょうをまとめてみました。あわせて、おもな魚介の郷土料理も紹介しています。漁業から見た各地の魅力をさぐってみましょう。

漁業国 日本を知ろう 資料編 〈都道府県別データ〉

目次

世界における日本の漁業 4
日本の漁業はいま 6
日本の漁業のうつりかわり 8

都道府県別データ

北海道地方
- 北海道 10

東北地方
- 青森県 11
- 岩手県 12
- 宮城県 13
- 秋田県 14
- 山形県 15
- 福島県 16

関東地方
- 茨城県 17
- 栃木県 18
- 群馬県 19
- 埼玉県 20
- 千葉県 21
- 東京都 22
- 神奈川県 23

中部地方
- 新潟県 24
- 富山県 25
- 石川県 26
- 福井県 27
- 山梨県 28
- 長野県 29
- 岐阜県 30
- 静岡県 31
- 愛知県 32

近畿地方
- 三重県 33
- 滋賀県 34
- 京都府 35
- 大阪府 36
- 兵庫県 37
- 奈良県 38
- 和歌山県 39

中国地方
- 鳥取県 40
- 島根県 41
- 岡山県 42
- 広島県 43
- 山口県 44

四国地方
- 徳島県 45
- 香川県 46
- 愛媛県 47
- 高知県 48

九州・沖縄地方
- 福岡県 49
- 佐賀県 50
- 長崎県 51
- 熊本県 52
- 大分県 53
- 宮崎県 54
- 鹿児島県 55
- 沖縄県 56

周囲を海に囲まれている日本は排他的経済水域*で沿岸漁業や沖合漁業を、また公海とよばれるどの国にも属していない海域や、他国の排他的経済水域内では許可を得て、遠洋漁業をおこなっています。日本は世界でも有数の漁業国ですが、食用魚介類のおよそ半数を海外の国ぐにから輸入しています。

*排他的経済水域とは、各国の陸地から200海里（約370km）までの海は、その国が魚や海底資源をとったり管理する権利をもつ水域のこと。

北太平洋 アカイカ

北大西洋 アカウオ類／カラスガレイ／タイセイヨウクロマグロ

中西部太平洋 キハダ

東部太平洋 メバチ／アメリカオオアカイカ

大西洋 メバチ／キハダ／ビンナガ

ニュージーランド沖 ニュージーランドマアジ／ホキ／ミナミダラ／ニュージーランドスルメイカ類

資料：平成25年度 国際漁業資源の現況（水産庁）／日本トロール底魚協会ホームページ

●食用魚介類の国内生産量と輸入量の割合（平成24年）

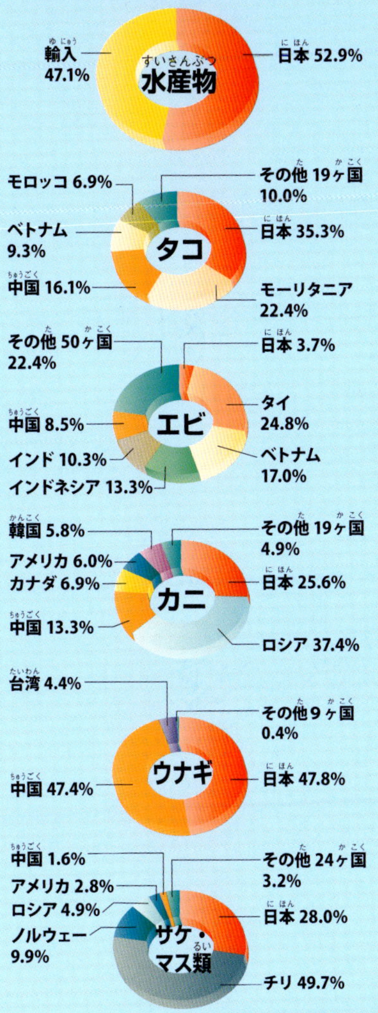

水産物：日本 52.9%／輸入 47.1%

タコ：日本 35.3%／モーリタニア 22.4%／中国 16.1%／ベトナム 9.3%／モロッコ 6.9%／その他 19ヶ国 10.0%

エビ：日本 3.7%／タイ 24.8%／ベトナム 17.0%／インドネシア 13.3%／インド 10.3%／中国 8.5%／その他 50ヶ国 22.4%

カニ：日本 25.6%／ロシア 37.4%／中国 13.3%／カナダ 6.9%／アメリカ 6.0%／韓国 5.8%／その他 19ヶ国 4.9%

ウナギ：日本 47.8%／中国 47.4%／台湾 4.4%／その他 9ヶ国 0.4%

サケ・マス類：日本 28.0%／チリ 49.7%／ノルウェー 9.9%／ロシア 4.9%／アメリカ 2.8%／中国 1.6%／その他 24ヶ国 3.2%

資料：「図で見る日本の水産」（水産庁）

●日本の水産物輸入国（2012年）総計 273.7万トン　単位：万トン

順位	国	万トン
1位	中国	48.6
2	アメリカ	29.0
3	チリ	28.1
4	タイ	21.7
5	ノルウェー	17.1
6	ロシア	17.0
7	ペルー	14.3
8	韓国	12.9

●日本の水産物輸出国（2012年）総計 44.0万トン　単位：万トン

順位	国	万トン
1位	タイ	10.3
2	中国	9.8
3	ベトナム	5.9
4	韓国	3.9
5	台湾	1.8
6	アメリカ	1.7
7	マレーシア	1.0
8	香港	1.0

資料：「ポケット農林水産統計 平成25年版」（農林水産省）

日本の漁業はいま

アカ＝養殖　アオ＝漁業　主な漁港にあげられた水産物の量と国内順位

日本の周辺の海では、どんな魚介がとれるのでしょうか。日本は、太平洋を南下する寒流の親潮（千島海流）、北上する黒潮（日本海流）、そして日本海を北上する対馬暖流に囲まれています。そのため、サンマ、サケ、タラ、カツオ、マグロ、サバ、アジ、マイワシなどたくさんの魚がとれます。

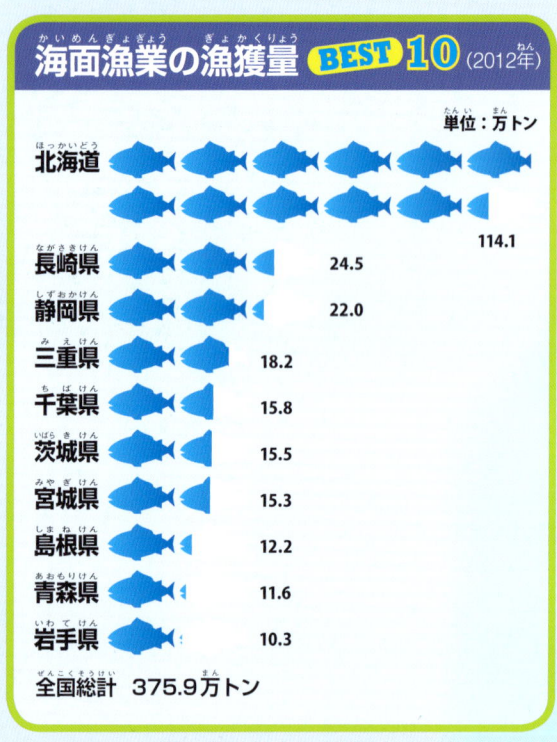

海面漁業の漁獲量 BEST 10 (2012年)

単位：万トン

都道府県	漁獲量
北海道	114.1
長崎県	24.5
静岡県	22.0
三重県	18.2
千葉県	15.8
茨城県	15.5
宮城県	15.3
島根県	12.2
青森県	11.6
岩手県	10.3

全国総計 375.9万トン

資料：「平成24年漁業・養殖業生産統計年報」（農林水産省）

海面養殖業の生産量 BEST 10 (2012年)

単位：万トン

都道府県	生産量
北海道	13.4
広島県	11.8
佐賀県	8.2
兵庫県	7.9
青森県	7.6
愛媛県	6.7
熊本県	6.2
鹿児島県	5.7
福岡県	4.9

全国総計 104.0万トン

資料：「平成24年漁業・養殖業生産統計年報」（農林水産省）

主な漁港（地図より）

- 境　第3位　14万7774トン
- 奈屋浦　第8位　4万4425トン
- 長崎　第6位　7万7623トン
- 枕崎　第5位　9万3139トン
- 山川　第9位　4万0681トン

海域でとれる主な魚介

日本海側： スルメイカ、ズワイガニ、ベニズワイガニ、マグロ、サワラ、ブリ、カタクチイワシ、マアジ、マサバ

瀬戸内・西日本： サワラ、マアジ、カキ、ブリ、ヒラメ、マダイ、マダイ、トラフグ、ノリ、真珠、ブリ、ウナギ、クルマエビ

太平洋側： マダイ、ワカメ、アユ、カタクチイワシ、マイワシ、ソウダガツオ、マグロ、ウナギ

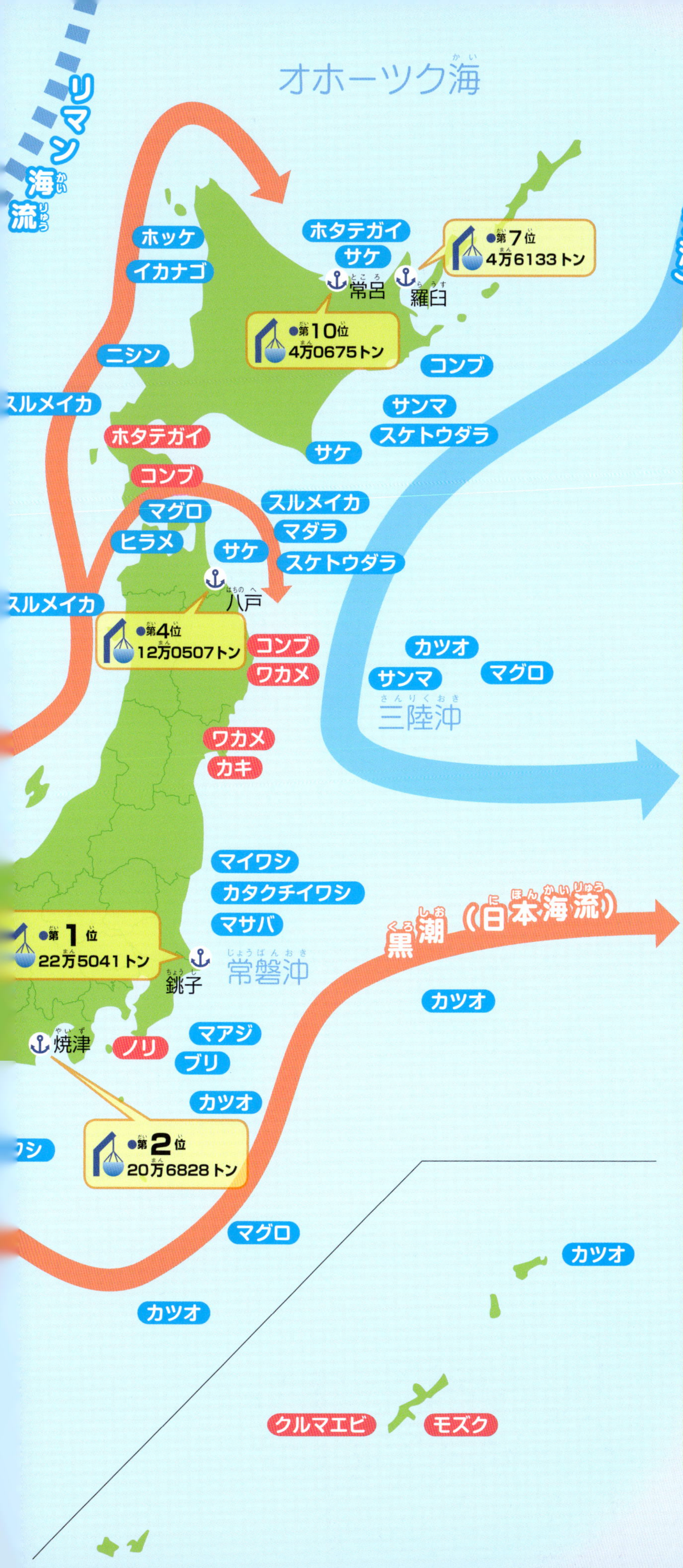

日本近海の漁業

オホーツク海／リマン海流／親潮（千島海流）／黒潮（日本海流）

地図上の情報

- 常呂・羅臼：第7位 4万6133トン
- 常呂付近：第10位 4万0675トン
- 八戸：第4位 12万0507トン
- 銚子：第1位 22万5041トン
- 焼津：第2位 20万6828トン

地域別の水産物

- 北海道周辺：ホッケ、イカナゴ、ニシン、スルメイカ、ホタテガイ、サケ、コンブ、サンマ、スケトウダラ
- 東北（八戸付近）：スルメイカ、マダラ、スケトウダラ、サケ、マグロ、ヒラメ、コンブ、ワカメ
- 三陸沖：カツオ、サンマ、マグロ
- 常磐沖：マイワシ、カタクチイワシ、マサバ
- 銚子周辺：ノリ、マアジ、ブリ、カツオ
- 南方：カツオ、マグロ、クルマエビ、モズク
- ワカメ、カキ

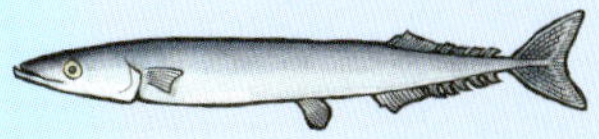

海面漁業・養殖業生産額 BEST10（2012年）

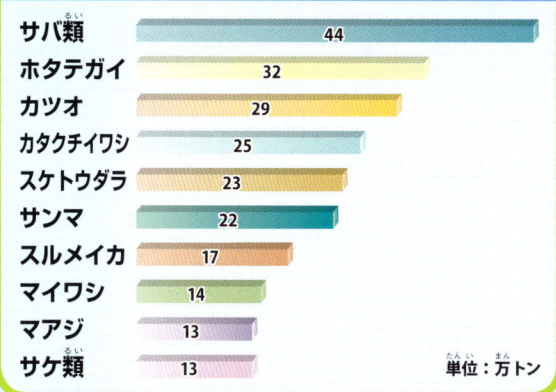

順位	都道府県	億円
	北海道	2578
	長崎県	900
	愛媛県	859
	鹿児島県	749
	静岡県	588
	高知県	522
	宮城県	499
	三重県	490
	兵庫県	479
	青森県	432
全国総計		1兆3285億円

単位：億円

資料：「平成24年漁業・養殖業生産統計年報」（農林水産省）

漁獲量の多い水産物 BEST10（2012年）

水産物	万トン
サバ類	44
ホタテガイ	32
カツオ	29
カタクチイワシ	25
スケトウダラ	23
サンマ	22
スルメイカ	17
マイワシ	14
マアジ	13
サケ類	13

単位：万トン

資料：「水産物流通統計年報」（農林水産省）

漁業就業者数の多い県 BEST10（2013年）

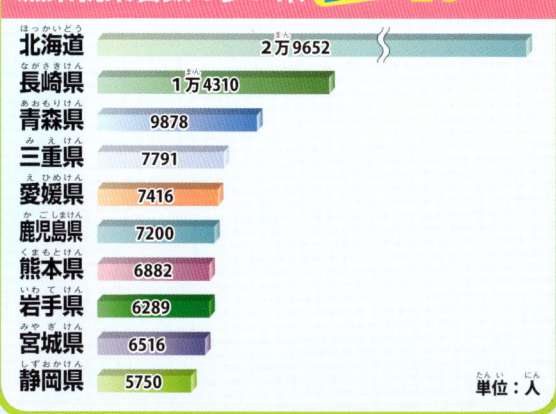

都道府県	人
北海道	2万9652
長崎県	1万4310
青森県	9878
三重県	7791
愛媛県	7416
鹿児島県	7200
熊本県	6882
岩手県	6289
宮城県	6516
静岡県	5750

単位：人

資料：「2013年 漁業センサス」（農林水産省）

資料：「水産物流統計年報」「漁港港勢の概要」（水産庁）「漁港漁場漁村ポケットブック/2014」

日本の漁業のうつりかわり

日本の漁業の生産量は1984年をピークに、90年代に入ってから急速にへっています。水産物の安定供給には、養殖業の発展が期待されます。また、漁業就業者数がへっていること、しかも高齢化していることなどが問題となっています。漁業の将来のためには、若い漁業者の参加がもとめられています。

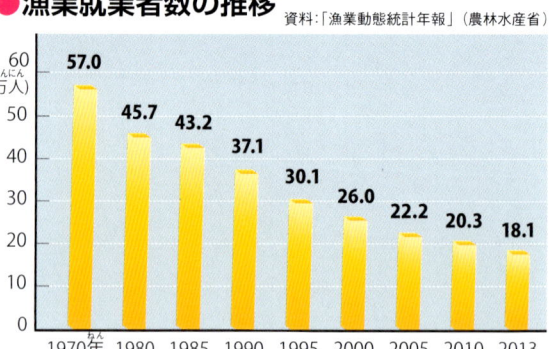
●漁業就業者数の推移　資料:「漁業動態統計年報」（農林水産省）

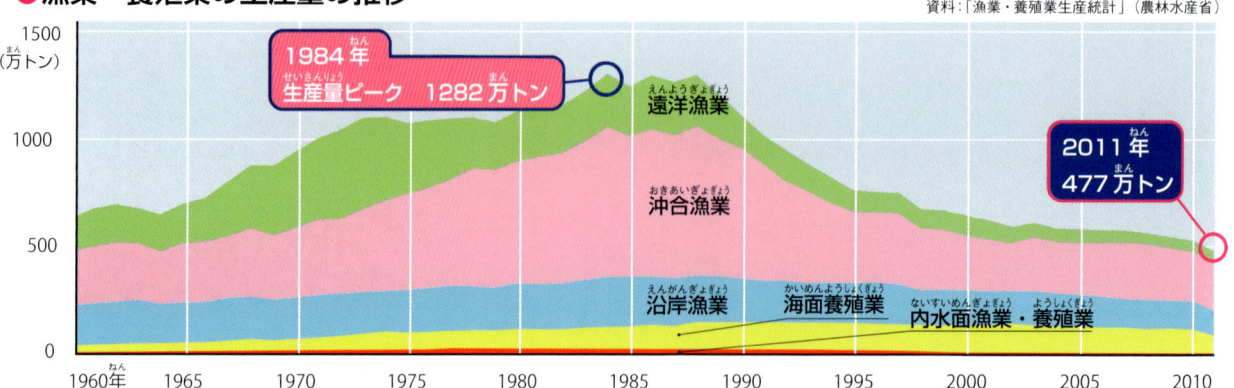
●漁業・養殖業の生産量の推移　資料:「漁業・養殖業生産統計」（農林水産省）

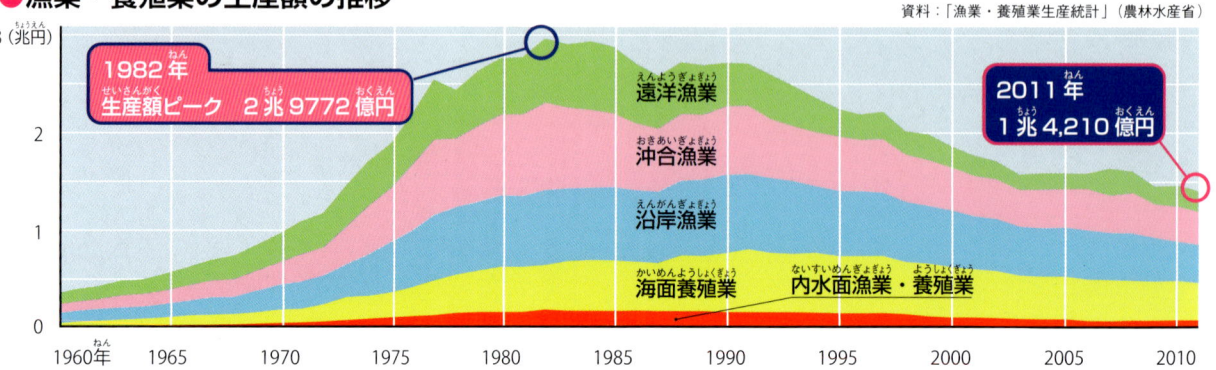
●漁業・養殖業の生産額の推移　資料:「漁業・養殖業生産統計」（農林水産省）

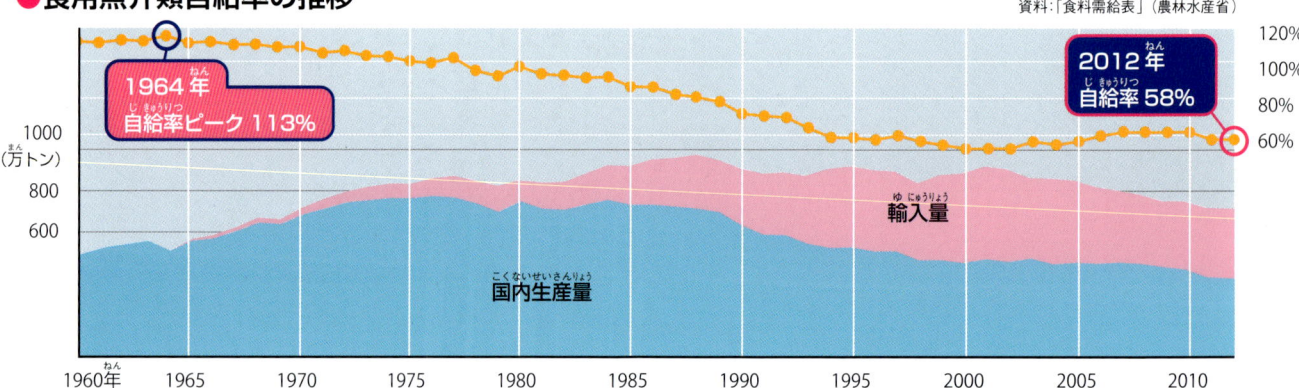
●食用魚介類自給率の推移　資料:「食料需給表」（農林水産省）

都道府県別データ

使い方

① 赤色が紹介する都道府県の位置。

② 都道府県のまわりでとれる主な魚介類。

③ 都道府県の主な漁港。

④ 漁業や水産関係の施設、水族館など。

⑤ 都道府県の基本情報。（面積、人口、1人当たり県民所得、1世帯当たり生鮮魚介類購入量。）

⑥ 都道府県における漁業就業者数、漁業経営体など。漁業にたずさわる人や団体の数。

⑦ 都道府県の漁業生産量の内訳（海面での漁業、および養殖業、河川や湖などの内水面での漁業および養殖業）。

⑧ 都道府県の漁業生産量合計。

⑨ 都道府県でとれる、主な水産物の上位5つ。

※⑦、⑧、⑨の項目に関して、北海道、福島県、東京都、新潟県については属地統計をもとにしています。属地統計とは、その県内の漁港に水揚げされた量を集計したものです。その他の県は属人統計をもとにしています。属人統計とは、その県内に属する企業等の漁業者が漁獲した量を集計したものです。

⑩ 都道府県で親しまれている郷土料理。

この本は各都道府県からご提供いただいた資料ならびに、農林水産省『平成24年　漁業・養殖業生産統計年報』、農林水産省『2013年　漁業センサス』、矢野恒太記念会編集・発行『データで見る県勢　2015年版』をもとに作成しました。

北海道地方

北海道（ほっかいどう）

- 漁業就業者数　2万9652人（全国1位）（2013年）
- 漁業生産量（2012年）
  - 内水面漁業　1万4973トン
  - 内水面養殖業　228トン
  - 海面養殖業　13万4041トン
  - 海面漁業　128万8401トン（北海道の属地統計）
  - 計143万7643トン

地図内の表示

- 日本海／オホーツク海／太平洋／津軽海峡
- 天塩川／石狩川／十勝川
- 青森県
- 東浦：ケガニ、ホッケ、稚内水産試験場
- ウニ、タコ
- 稚内市ノシャップ寒流水族館
- タコ、コンブ
- ニシン
- ホタテガイ、ホッケ、カレイ、ケガニ
- ヒメマス、苫前
- スケトウダラ、ウニ
- ホッコクアカエビ
- マダラ、カレイ
- スルメイカ
- スケトウダラ、ヒラメ、浜益
- 湧別：サケ、サケ、サケ、コマイ
- 網走水産試験場
- ウトロ、ワカサギ
- 標津サーモン科学館
- 釧路水産試験場
- ホッケ、古平
- ヒラメ
- 中央水産試験場
- 札幌
- さけます・内水面水産試験場
- 千歳サケのふるさと館
- ヒメマス、十勝川
- 厚岸、落石
- ホッカイエビ、ケガニ、ハナサキガニ
- ウニ、スケトウダラ
- カキ（養殖）、マダラ
- 栽培水産試験場
- 追直
- ホタテガイ（養殖）
- 大津、三石
- スケトウダラ、コンブ
- ハタハタ、シシャモ、サバ、サンマ
- ニシン、久遠
- 函館、スケトウダラ、シシャモ、ケガニ、コンブ、カレイ
- 函館水産試験場
- ヒラメ、スケトウダラ、マダラ
- ホッケ、クロマグロ

主な水産物ベスト5（2012年）（北海道の属地統計）

水産物	生産量
ホタテガイ（養殖含む）	41万8158トン
スケトウダラ	21万413トン
サンマ	12万8115トン
サケ	11万4477トン
コンブ（養殖含む）	9万2250トン

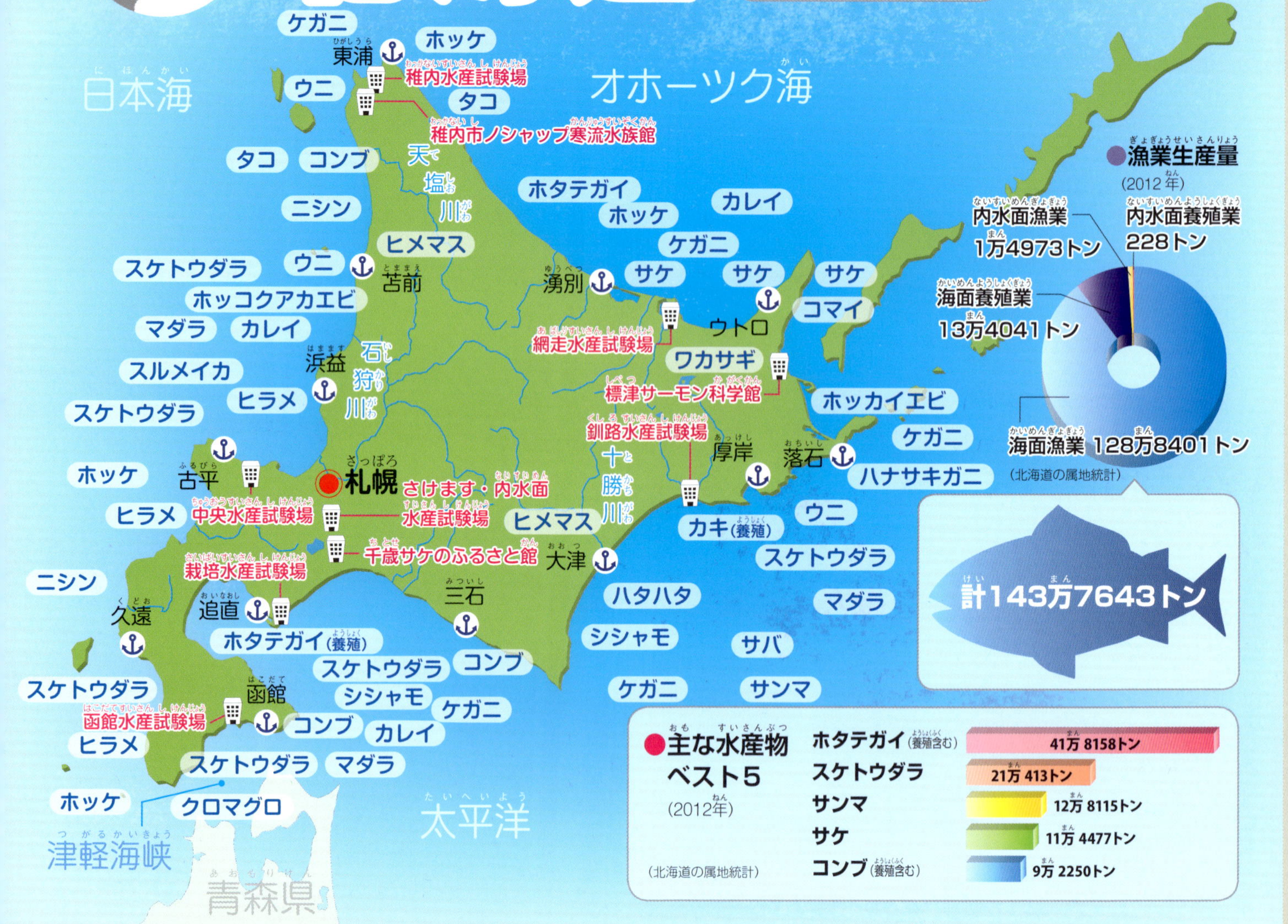

北海道の情報

- 面積　7万8421km²（2013年）
- 人口　543万719人（2013年）
- 1人当たり県民所得　247.5万円（2011年）
- 1世帯当たり生鮮魚介類購入量　35.76kg（2011〜13年平均）

　北海道は、太平洋側を南下する親潮、北のオホーツク海の栄養に富んだ海水と日本海の対馬暖流と太平洋の黒潮系の暖水がぶつかる海域にあり、魚介類にめぐまれた海にかこまれています。ホタテガイ、スルメイカ、スケトウダラ、コンブ、サケ、ホッケ、サンマ、マダラなど、どれも全国1位の生産量をほこっています。

　日本海側の重要な水産物はホッケ、スルメイカ、スケトウダラ、コンブなどです。

　太平洋側では、沿岸でのコンブ、ホタテガイの養殖もさかんです。十勝沖合は寒流と黒潮系の暖水がぶつかりあう海域で、サンマをはじめさまざまな魚の宝庫となっています。

　オホーツク海側では、ホタテガイとサケを中心にホッケなどの漁がさかんです。

サケとイクラの丼ぶり。サケの定置網漁の季節の秋になると、ウトロ漁港の食堂などで食べられる。

●東北地方

青森県

●漁業就業者数
9878人
(全国3位) (2013年)

地図上の表記
サケ、クロマグロ、ミズダコ、スルメイカ、津軽海峡、下風呂、大畑、尻屋、サクラマス、太平洋、竜飛、マダラ、ヒラメ、ウスメバル、三厩、平館、カレイ、スルメイカ、カレイ、ヤリイカ、十三湖、陸奥湾、ヒラメ、ヒラメ、ホタテガイ(養殖)、小湊、ホタテガイ(養殖)、マダラ、サケ、青森県産業技術センター水産総合研究所、ヤマトシジミ、スケトウダラ、日本海、鰺ヶ沢、青森、浅虫水族館、野辺地、サケ、小川原湖、三沢、十和田湖、八戸、マサバ、ヒメマス、八戸市水産科学館マリエント、秋田県、青森県栽培漁業振興協会、岩手県

●主な水産物ベスト5 (2012年)
水産物	生産量
ホタテガイ(養殖)	7万6020トン
スルメイカ	4万5923トン
サバ	8093トン
サンマ	5962トン
スケトウダラ	4918トン

●漁業生産量 (2012年)
- 内水面漁業 5881トン
- 内水面養殖業 53トン
- 海面養殖業 7万6411トン
- 海面漁業 11万5529トン

計 19万7874トン

青森県の情報
○面積 9645km² (2013年) ○人口 133万5494人 (2013年) ○1人当たり県民所得 233.3万円 (2011年)
○1世帯当たり生鮮魚介類購入量 48.77kg (2011〜13年平均)

青森県は日本海、津軽海峡、太平洋と、三方を海にかこまれており、中央には大きな内湾の陸奥湾をかかえています。日本海は対馬暖流が北上し、一部は津軽海峡に入って、太平洋に出ます。この暖流と北からの親潮(寒流)がまじりあって、魚のえさとなるプランクトンがたくさん発生し、多くの魚があつまってきます。

ここでは、スルメイカやクロマグロ、サバ、サケ、マダラ、サンマ、スケトウダラ、ヒラメなどたくさんの水産物がとれます。波が静かな陸奥湾では、ホタテガイの養殖がさかんです。

県内には漁港も多く、中心となるのが八戸港です。かつては全国一の水揚量をほこったこともありますが、2012年は第6位でした。

いちご煮。ウニとアワビの吸いもの。八戸市周辺につたわる。

● 東北地方

岩手県

● 漁業就業者数
6289人
（全国9位）（2013年）

青森県

マダラ
ウニ
久慈
スルメイカ
サケ
太平洋

● 主な水産物ベスト5 （2012年）
サンマ　1万9436トン
ワカメ（養殖）　1万5336トン
マダラ　1万2179トン
ツノナシオキアミ　1万1428トン
スルメイカ　1万875トン

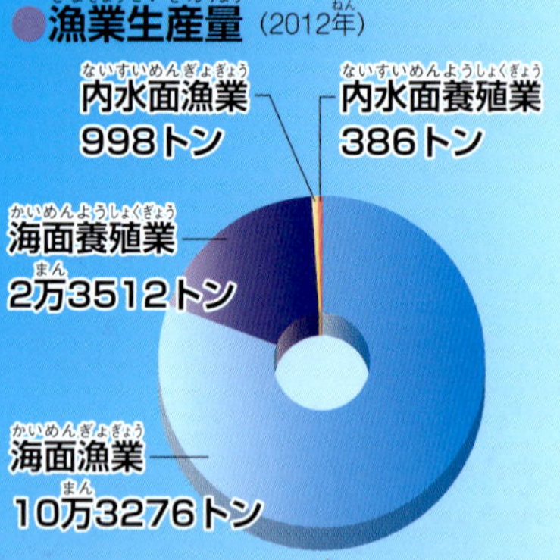

岩手県内水面水産技術センター

盛岡
岩手県立水産科学館
ワカメ（養殖）
アワビ
コンブ（養殖）
サンマ
宮古

● 漁業生産量（2012年）
内水面漁業　998トン
内水面養殖業　386トン
海面養殖業　2万3512トン
海面漁業　10万3276トン

北上川

岩手県水産技術センター
アワビ
釜石
アワビ
ツノナシオキアミ
サバ
大船渡
ブリ
ワカメ（養殖）
カキ（養殖）
ホヤ（養殖）

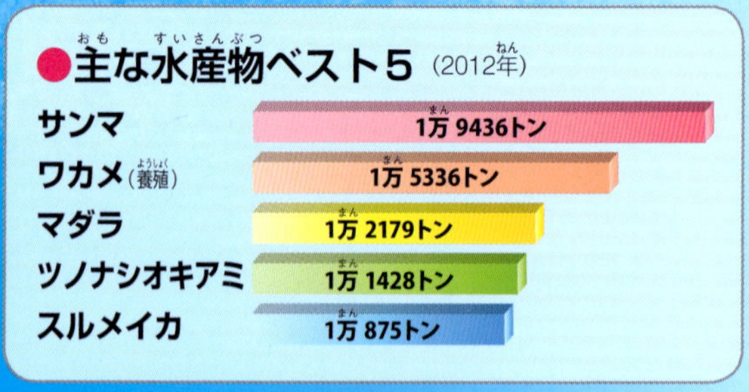

計12万8172トン

宮城県

岩手県の情報
○面積　1万5279km²（2013年）　○人口　129万4535人（2013年）　○1人当たり県民所得　235.9万円（2011年）
○1世帯当たり生鮮魚介類購入量　33.31kg（2011〜13年平均）

岩手県の海岸線の総延長は708km。宮古市を境にして、北部は隆起海岸で、南部は入りくんだリアス海岸です。沿岸の多くは急に深くなり、大陸棚はせまいのが特徴です。沖合は寒流の親潮、暖流の黒潮、津軽暖流の3つの海流がまじりあって、スルメイカやサンマ、マダラ、サケなどのよい漁場となっています。また、ワカメやコンブ、カキ、ホタテガイなどの養殖、サケやヒラメ、アワビ、ウニなどの栽培漁業など、「つくり育てる漁業」もさかんで、これらは漁業生産額の約4割をしめています。

2011年の東日本大震災の津波により、漁船をはじめ、漁具、養殖施設のほとんどが失われ、一時、生産活動は停止してしまいました。官民一体となって早期再開にとりくみ、2012年度末には、市場の水揚量は震災前の約7割まで復活しました。

どんこ汁。どんこ（エゾイソアイナメ）は岩手県ではなじみの魚。冬にみそ汁やなべ物によく使われる。

岩手県農業改良普及協会発行
（『食べよう　いわて　伝統食と食の匠の技』より）

●東北地方

宮城県（みやぎけん）

●漁業就業者数
6516人（全国8位）（2013年）

●主な水産物ベスト5（2012年）
- サンマ 2万8113トン
- カツオ 2万866トン
- マグロ類 1万9083トン
- ワカメ（養殖） 1万7367トン
- サメ類 1万5864トン

地図上の表記

- 気仙沼：宮城県水産技術総合センター 気仙沼水産試験場
- 志津川
- 石巻：宮城県水産技術総合センター 内水面水産試験場
- 女川：宮城県水産技術総合センター
- 仙台
- 塩竈

河川・山地：鳴瀬川、北上川、名取川、阿武隈川、牡鹿半島

隣接：山形県、福島県

河川の魚：イワナ、ヤマメ、アユ

沿岸・養殖：カキ（養殖）、コンブ（養殖）、ホタテガイ（養殖）、ワカメ（養殖）、ホヤ（養殖）、ギンザケ（養殖）、ノリ（養殖）、アカガイ、アイナメ、アナゴ、カレイ、ヒラメ、ウバガイ

沖合：ツノナシオキアミ、タコ、スルメイカ、サケ、カレイ、ヒラメ、カツオ、マグロ、サバ、サンマ、サメ

太平洋

- - - 養殖生産地域

●漁業生産量（2012年）
- 内水面養殖業 291トン
- 内水面漁業 482トン
- 海面養殖業 4万3093トン
- 海面漁業 15万2792トン

計19万6658トン

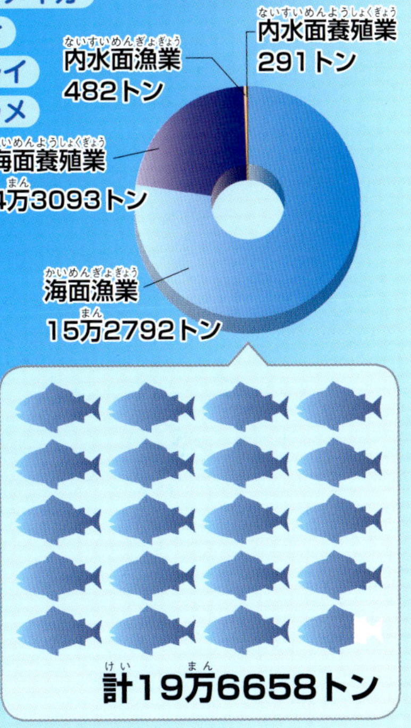

宮城県の情報

○面積 7286km²（2013年） ○人口 232万7811人（2013年） ○1人当たり県民所得 246.1万円（2011年）
○1世帯当たり生鮮魚介類購入量 31.22kg（2011〜13年平均）

宮城県の海岸線は約828km。中央にとびだしている牡鹿半島をさかいに、北は複雑に入りくんだリアス海岸、南は平たんな砂浜海岸となっていて、それぞれ特色のある漁業が行われています。

宮城県の沖合は世界でも有数の良好な漁場で、カツオやマグロ類、イワシ、サバ、サンマ、サケ、スルメイカなど、季節ごとにいろいろな魚が回遊してきます。また、湾内や沿岸ではノリ、カキ、ワカメ、ホヤ、ホタテガイ、ギンザケ、コンブなどの養殖がさかんです。

しかし2011年の東日本大震災の津波により、漁業は大きな被害をうけました。関係者が一丸となって努力したことにより、2012年度末に海面漁業は約70％まで復旧しましたが、海面養殖業は約35％にとどまっています。

はらこ飯。サケのはらこ（イクラ）と、サケの身を使ったサケの親子丼。

13

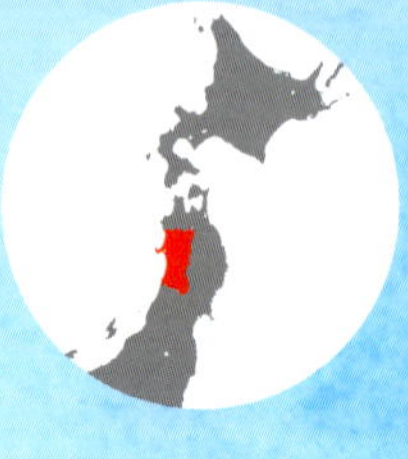

● 東北地方

秋田県

●漁業就業者数
1011人
(2013年)

●主な水産物ベスト5 (2012年)
- ハタハタ　1296トン
- カニ類　742トン
- マダラ　729トン
- ブリ類　476トン
- サケ類　397トン

●漁業生産量 (2012年)
- 内水面漁業 347トン
- 内水面養殖業 96トン
- 海面養殖業 41トン
- 海面漁業 7479トン

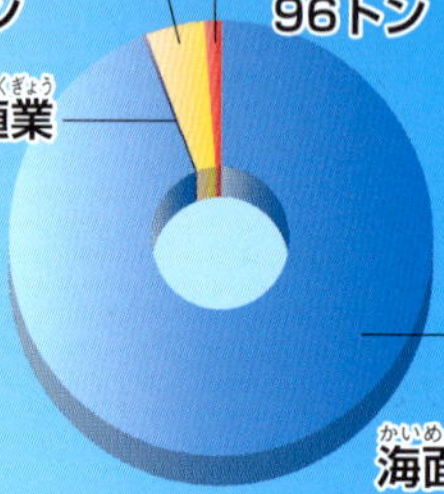

計7963トン

地図上の地名・水産物:
岩館、八森、ハタハタ、マダラ、ヒラメ、カレイ、ガザミ、サケ、ブリ、ハタハタ、北浦、男鹿水族館GAO、椿、トラフグ、イワガキ、マダイ、マダラ、ブリ、ヒラメ、カレイ、ベニズワイガニ、ハタハタ、ガザミ、ヒラメ、カレイ、スルメイカ、ハタハタ、サケ、マダラ、金浦、象潟、イワガキ

青森県、十和田湖、米代川、秋田県水産振興センター内水面試験池、秋田県水産振興センター、秋田、田沢湖、雄物川、岩手県、日本海、山形県

秋田県の情報
○面積 11636km² (2013年)　○人口 105万244人 (2013年)　○1人当たり県民所得 231.9万円 (2011年)
○1世帯当たり生鮮魚介類購入量 40.28kg (2011〜13年平均)

　秋田県の海岸線の総延長は約264km。男鹿半島と、北部および南部の一部の海岸に岩礁がありますが、のこりは砂浜海岸です。この沖合や沿岸でとれる魚の種類は多いのですが、漁獲量は少ないです。
　秋田県の「県の魚」に制定されているハタハタは、1980年代のはじめ、漁獲量が大きくへったため、県内漁業者は1992年から3年間、自主的に禁漁をしました。その後も、量を制限するなど、資源の回復につとめてきました。そのおかげで、今では県内の魚種別漁獲量第1位にかえりざきました。

　北限の産卵場があるトラフグやマダイのほか、ヒラメ、アワビ、ガザミなどの栽培漁業にもとりくんでいます。夏場が旬のイワガキは、量は少ないとはいえ、全国でもトップクラスの漁獲量です。
　内水面漁業ではワカサギの漁獲量が多いです。

しょっつる鍋。ハタハタと長ネギ、とうふなどを入れた郷土料理。しょっつるは、ハタハタを塩漬けにして発酵させた魚醤。

14

● 東北地方

山形県

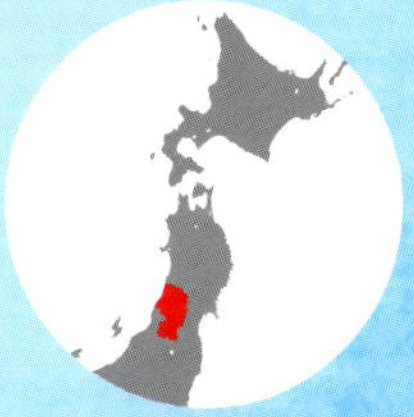

● 漁業就業者数
474人 (2013年)

主な水産物ベスト5 (2011年)
- スルメイカ 2333トン
- ハタハタ 589トン
- カニ類 551トン
- マダラ 473トン
- 貝類 411トン

漁業生産量 (2012年)
- 内水面養殖業 295トン
- 内水面漁業 520トン
- 海面漁業 7080トン
- 計 7895トン

海域の魚種: マダラ、ホッコクアカエビ、スルメイカ、ベニズワイガニ、スルメイカ、バイ類、サワラ、ズワイガニ、スルメイカ、サケ、マダイ、ヒラメ、ハタハタ、サクラマス、カレイ、イワガキ、マダイ、サケ

地図上の地点: 飛島、酒田、加茂水族館、加茂、山形県水産試験場、由良、山形県栽培漁業センター、鼠ヶ関、最上川、山形、山形県内水面水産試験場

周辺県: 秋田県、宮城県、福島県、新潟県

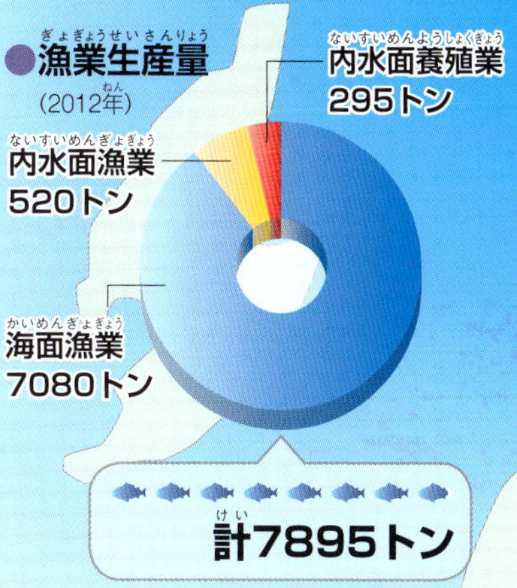

山形県の情報
- 面積 9323km² (2013年)
- 人口 114万1276人 (2013年)
- 1人当たり県民所得 240.3万円 (2011年)
- 1世帯当たり生鮮魚介類購入量 28.71kg (2011〜13年平均)

　日本海北部に位置する山形県の海岸線は、中央から北は砂浜、南は岩礁地帯となっています。海面の漁業はほとんどが沿岸漁業で、15トン未満の小型船が漁をおこなっています。

　この浜から沿岸にかけて生息する魚の種類は130種以上にのぼります。春にはサクラマス、初夏にはスルメイカ、夏にはイワガキ、秋から冬にかけてズワイガニやマダラなど、年間をとおして、いろいろな魚がとれます。

　また船上で活けじめしたサワラは「庄内おばこサワラ」として、大型の雄ズワイガニは「庄内芳ガニ」としてブランド化にとりくんでいます。最上川にはサクラマス、アユ、イワナなど多くの淡水魚が生息し、釣りがさかんです。また、豊かな水資源を利用してコイやニジマスなどの養殖もおこなわれています。

どんがら汁。マダラの身やアラ、内臓などをなべに入れて煮こんだ料理。

● 東北地方

福島県

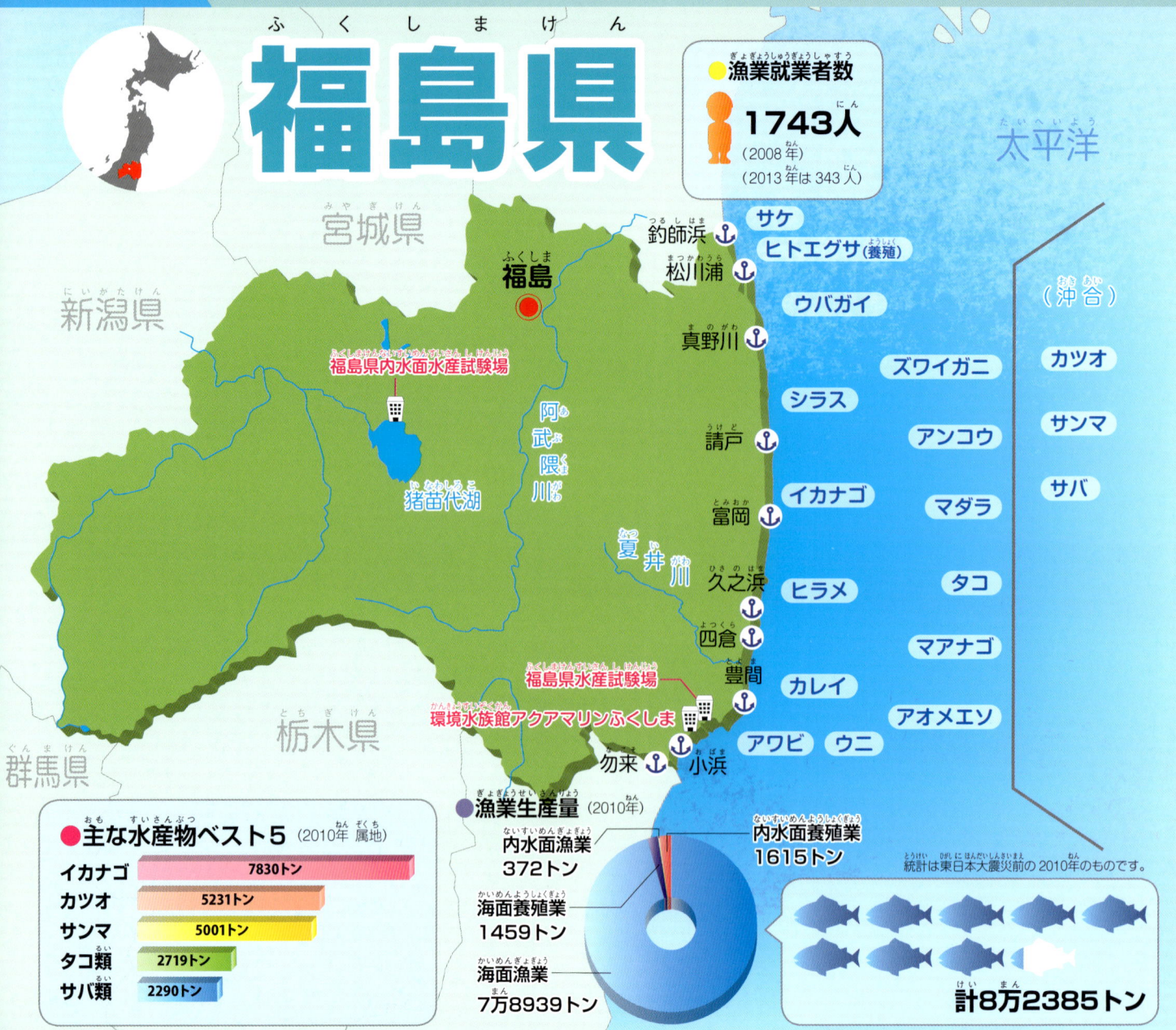

福島県の情報
○面積 1万3783km²（2013年） ○人口 194万6202人（2013年） ○1人当たり県民所得 232.4万円（2011年）
○1世帯当たり生鮮魚介類購入量 27.98kg（2011～13年平均）

　福島県の海岸線の総延長は約163km。北部の松川浦をのぞいて、全体に平たんな浜です。
　沖合は寒流の親潮と暖流の黒潮が交差する潮目の海となっていて、多くの魚種があつまる豊かな海となっています。カレイやヒラメ、アンコウなどの定着性の魚や、サバやサンマ、カツオなど回遊する魚がとれます。サンマやアンコウの生産量は全国でも上位にあげられ、ズワイガニは太平洋側では一大産地でした。また、ヒラメやカレイは「常磐もの」として、市場で高く評価されていました。

　2011年の東京電力福島第一原子力発電所事故の影響により、2014年現在、福島県の沿岸漁業は安全が確認された魚種を対象とした試験操業をのぞき、操業を自粛しています。一日でも早い復興がのぞまれます。

ウニの貝焼き。ホッキガイ（ウバガイ）の殻にウニをのせて、蒸し焼きにする。

●関東地方

茨城県

●漁業就業者数
1435人 (2013年)

●主な水産物ベスト5 (2012年)
- サバ類 7万9012トン
- マイワシ 4万972トン
- スルメイカ 7387トン
- マアジ 4223トン
- ブリ類 3430トン

●漁業生産量 (2012年)
- 内水面漁業 1631トン
- 内水面養殖業 1248トン
- 海面漁業 15万5112トン
- 計15万7991トン

茨城県の情報　○面積 6096km² (2013年)　○人口 293万1302人 (2013年)　○1人当たり県民所得 304.4万円 (2011年)
○1世帯当たり生鮮魚介類購入量 29.69kg (2011～13年平均)

　茨城県の海岸の総延長は南北に約190kmあり、ほぼ中央にある那珂川をさかいに、北は磯場がつづき、南は砂浜となっています。北ではアワビ、南ではハマグリやウバガイがとれます。
　茨城県の沖合は、寒流の親潮と暖流の黒潮が交わり、沿岸ではこれらの海流に、河川を通じて陸からの栄養が流れこむ好漁場です。沿岸ではシラスやヒラメなどが、沖合ではサバ、マイワシ、イカ、アンコウなどがとれます。
　琵琶湖につぐ国内第2位の面積をもつ霞ヶ浦と、隣接する北浦では、ワカサギやシラウオ、テナガエビ、ハゼ、ウナギなどがとれます。またコイやフナの養殖もおこなわれています。涸沼ではシジミ、那珂川や久慈川ではアユの漁業やサケの人工ふ化放流もおこなわれています。

アンコウ鍋。アンコウを、野菜やキノコ、とうふなどと煮こむ。

17

● 関東地方

栃木県(とちぎけん)

●養殖業従事者数
208人(2013年)

地図上の表示
- ヤマメ・イワナ（新潟県境・福島県境付近）
- 那珂川
- ニジマス(養殖)
- 栃木県水産試験場・なかがわ水遊園
- アユ
- ウグイ
- マス類
- 中禅寺湖
- ヤマメ・イワナ
- アユ(養殖)
- 鬼怒川
- アユ
- ウグイ
- 宇都宮
- 栃木県漁業協同組合連合会種苗センター
- 渡良瀬川
- アユ
- ウグイ
- 思川
- コイ・フナ
- コイ
- 群馬県／埼玉県／茨城県／福島県／新潟県

●漁業生産量(2013年)
- 内水面漁業 241トン
- 内水面養殖業 781トン
- 計1022トン

太平洋

●主な水産物ベスト5 (2013年)
アユ(養殖)	316トン
ニジマス(養殖)	285トン
アユ	206トン
ウグイ・オイカワ	29トン
コイ類	4トン

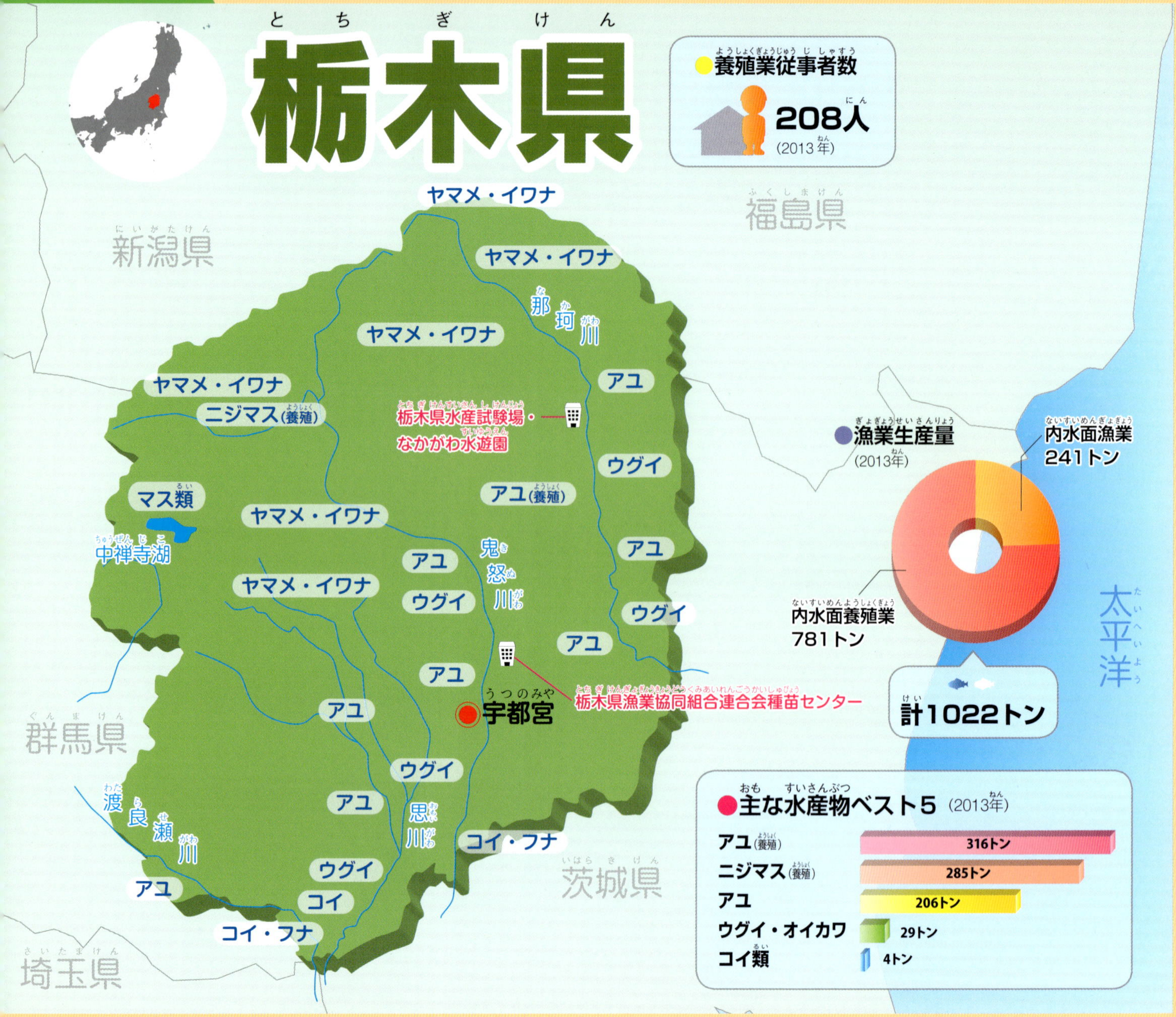

栃木県の情報
- 面積 6408km²(2013年)
- 人口 198万5860人(2013年)
- 1人当たり県民所得 295.5万円(2011年)
- 1世帯当たり生鮮魚介類購入量 26.41kg(2011～13年平均)

栃木県は内陸の県で、北部と西部は日光国立公園の山岳地帯で、東部は八溝山地がはしり、中央部に関東平野が広がっています。ここには那珂川や利根川水系など294もの一級河川が流れています。また、中禅寺湖やダムによってできた湖など湖沼も多く、内水面の漁業にはめぐまれています。

これらの川や湖には、冷水にすむイワナやヤマメなどのマス類や、温水にすむアユ、ウグイ、フナ、コイなど60種以上の魚が見られます。天然のアユがのぼってくる那珂川をはじめ、多くの川には釣り人がおとずれています。

養殖はニジマスやヤマメ、イワナ、アユなどが多く、すべて専用の池でおこなわれています。ニジマスを品種改良して大型化したヤシオマスをブランド魚として売りだしています。

アイソの山椒焼き。春の産卵期のアイソ(ウグイ)を焼いて、山椒みそなどをつけて食べる。

●関東地方

群馬県

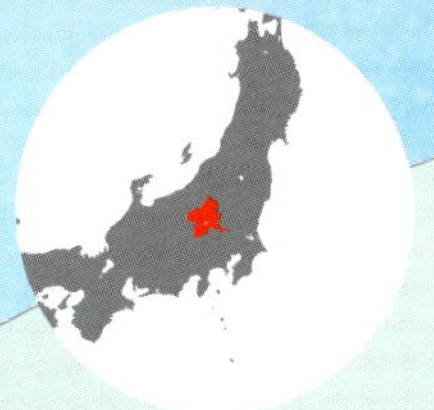

●養殖業従事者数　135人（2013年）

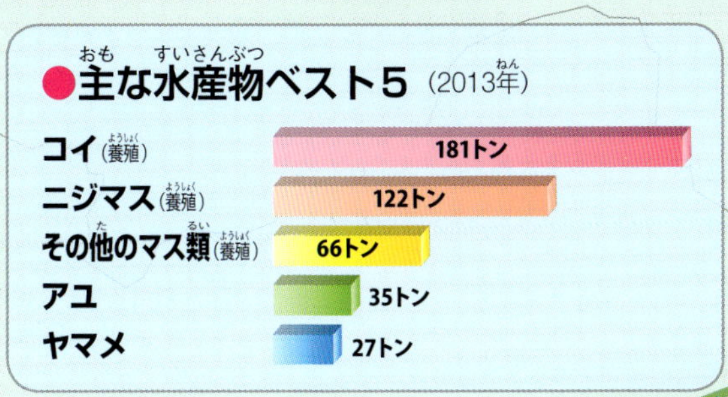

養殖生産地域

●主な水産物ベスト5（2013年）
- コイ（養殖）　181トン
- ニジマス（養殖）　122トン
- その他のマス類（養殖）　66トン
- アユ　35トン
- ヤマメ　27トン

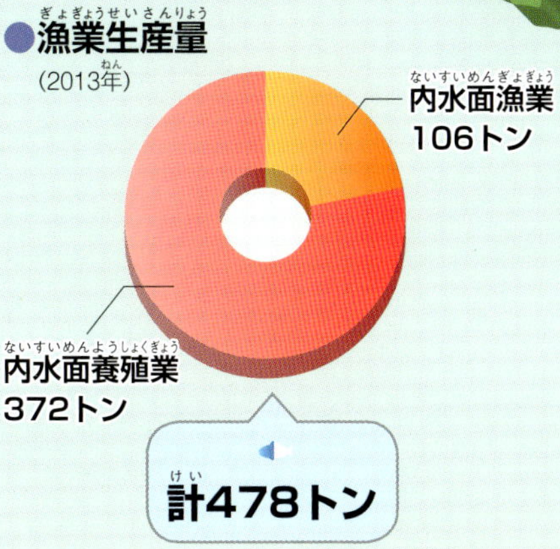

●漁業生産量（2013年）
- 内水面漁業　106トン
- 内水面養殖業　372トン
- 計478トン

地図上のラベル：群馬県水産試験場　川場養魚センター、イワナ、ニジマス、ヤマメ、ヤマメ、イワナ、群馬県水産試験場、ニジマス、前橋、ニジマス、コイ、アユ、アユ、ニジマス、ヤマメ、ニジマス、アユ

周辺県：福島県、新潟県、栃木県、長野県、埼玉県

河川：烏川、利根川、渡良瀬川、神流川、南牧川、鏑川

群馬県の情報
- ○面積　6362km²（2013年）
- ○人口　198万3581人（2013年）
- ○1人当たり県民所得　289.0万円（2011年）
- ○1世帯当たり生鮮魚介類購入量　26.95kg（2011〜13年平均）

　群馬県の約3分の2が丘陵・山岳地帯で、北部や中部の県境に山がつらなり、南東にむけて関東平野がひらけています。この地を南南東にむけてくだっているのが利根川水系で、県の内水面漁業の基幹となっています。

　川や湖ではアユやヤマメ、ニジマス、イワナ、フナなどがとれます。上流のダムは、サケ・マス類やワカサギ、コイ、フナの漁場となっています。養殖業ではコイとニジマスが多く、県の中央部では溜池を利用してコイを、県の西部では川の水などを利用してニジマスなどの養殖をおこなっています。また北部では、ヤマメやイワナなどの養殖をしています。現在、県で開発した3年で初めて成熟するニジマスを「ギンヒカリ」として売り出しています。

モツゴの佃煮。クチボソともいう淡水魚。ほどよい苦さがあっておいしい。

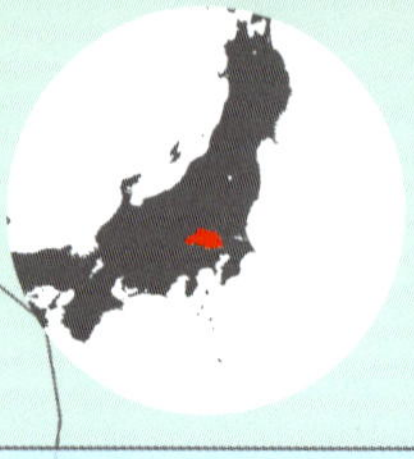

●関東地方

埼玉県

●養殖業経営体数
140件（2011年）

●主な水産物ベスト5（2011年）
- フナ 95トン
- コイ 河川32トン 区画16トン
- ホンモロコ（養殖） 23トン
- アユ 20トン
- キンギョ（養殖） 20トン

群馬県／栃木県／茨城県／東京都

ハクレンの産卵（梅雨のころ、ここで産卵する）

利根川、荒川、入間川

アユ、ウグイ、ホンモロコ（養殖）、キンギョ（養殖）、ナマズ（養殖）、ヤマメ、イワナ、フナ、コイ、ナマズ（養殖）

さいたま水族館／埼玉県立川の博物館／水産研究所・埼玉県水産流通センター

●漁業生産量（2011年）
- 内水面漁業（遊漁ふくむ） 206トン
- 内水面養殖業（区画漁業ふくむ） 138トン
- 計344トン

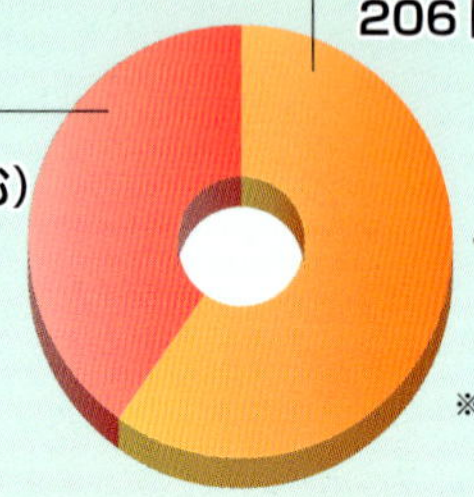

※尾数集計の魚は1尾あたりソウギョ20g、キンギョ3gで換算。

埼玉県の情報　○面積 3798㎢（2013年）　○人口 722万2185人（2013年）　○1人当たり県民所得 278.5万円（2011年）
○1世帯当たり生鮮魚介類購入量 27.61kg（2011～13年平均）

　埼玉県は海や大きな湖がないので、水産業の生産高は少ないです。利根川や荒川などの河川やその支流、沼、溜池、農業用水路などあわせて、内水面の面積は189km²で県の面積の5％にあたります。養殖業はニシキゴイやキンギョなど観賞用の魚の生産が多く、全国有数の生産量をほこっています。
　また食用魚としては、使っていない水田を利用して、ナマズやホンモロコの養殖がおこなわれています。ホンモロコはコイ科の小魚で、もともと琵琶湖にだけすんでいる魚です。県では年に23トン生産され、そのなかでとくにきびしい基準をクリアした魚を「彩のもろこ」のブランド名をつけて出荷しています。
　河川ではヤマメ、イワナ、アユ、ウグイ、フナ、コイなどがとれ、釣りがレジャーとして定着しています。

ナマズのたたき。ナマズをぶつ切りにして、骨も皮もいっしょにすり身にして揚げたもの。

20

●関東地方

千葉県

● 漁業就業者数
4734人 (2013年)

●主な水産物ベスト5 (2012年)
イワシ類	8万2083トン
サバ類	2万3554トン
ノリ(養殖)	1万5002トン
ブリ類	1万3010トン
サンマ	1万2686トン

●漁業生産量 (2012年)
- 内水面漁業 62トン
- 内水面養殖業 94トン
- 海面養殖業 1万5134トン
- 海面漁業 15万8186トン

計17万3476トン

地図ラベル:
茨城県、埼玉県、東京都、神奈川県、利根川、手賀沼、印旛沼、アユ、銚子水産事務所、銚子、犬吠埼マリンパーク、サンマ、東京湾、千葉、キンメダイ、マイワシ、アサリ、コノシロ、房総半島、九十九里、ハマグリ、一宮川、サバ、スズキ、ノリ(養殖)、夷隅川、大原、マアジ、天津、勝浦、イセエビ、ヒラメ、鴨川シーワールド、鴨川、小湊、アワビ、ブリ、船形、千倉、サザエ、水産総合研究センター、カタクチイワシ、キンメダイ、マアジ、カツオ、サバ、マダイ、太平洋

千葉県の情報
- ○面積 5157km² (2013年)
- ○人口 619万2323人 (2013年)
- ○1人当たり県民所得 282.0万円 (2011年)
- ○1世帯当たり生鮮魚介類購入量 33.08kg (2011～13年平均)

千葉県は日本列島のほぼ中央部に位置し、三方を海にかこまれ、海岸線は約534kmにたっします。沖合は南から黒潮が北上し、北から親潮が南下してながれるところにあり、回遊する魚や沿岸に生息する魚介類の種類が多く、日本有数の漁場です。

銚子・九十九里の沖合は大型船によるイワシ、サバ、サンマの漁のほか、小型船によるキンメダイなどの漁がさかんです。岩礁の多い外房地域は、アワビやサザエ、イセエビなど、磯の漁がさかんなほか、小型船によるカジキやカツオ、イカなどの漁もおこなわれています。東京湾はノリの養殖やアサリ、スズキなどの漁がおこなわれています。

内水面では、利根川、印旛沼、手賀沼などで、アユやウナギの漁、一宮川などの河川ではスジアオノリ(アオノリ)の養殖がおこなわれています。

アジのナメロウ。アジを細切りにして包丁でたたき、長ネギやショウガ、青ジソなどを入れ、味噌で味つけをする。

● 関東地方

東京都

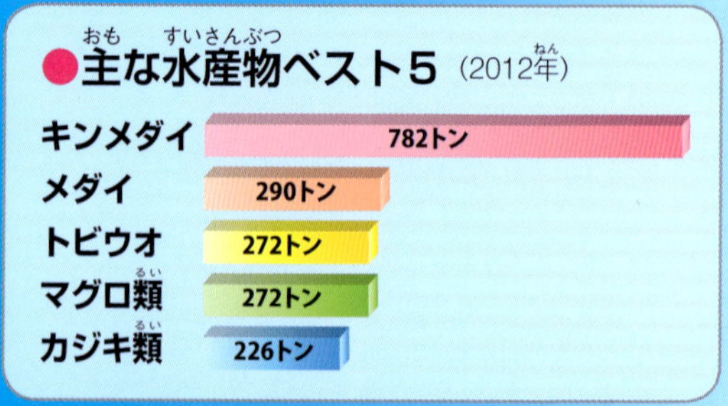

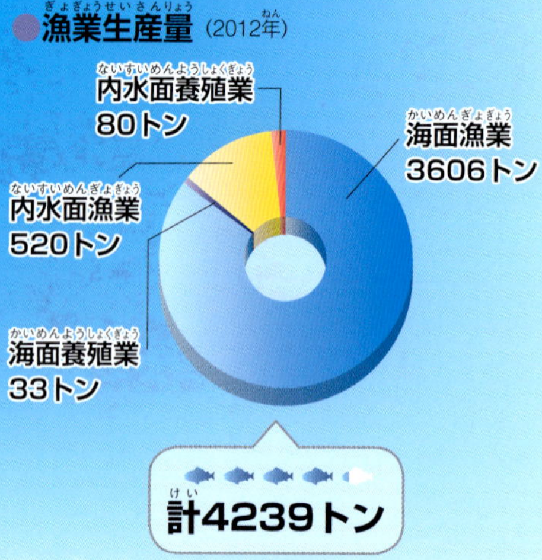

東京都の情報
- 面積 2189km² (2013年)
- 人口 1329万9871人 (2013年)
- 1人当たり県民所得 437.3万円 (2011年)
- 1世帯当たり生鮮魚介類購入量 27.65kg (2011〜13年平均)

漁業就業者数
972人 (2013年)

主な水産物ベスト5 (2012年)
- キンメダイ 782トン
- メダイ 290トン
- トビウオ 272トン
- マグロ類 272トン
- カジキ類 226トン

漁業生産量 (2012年)
- 海面漁業 3606トン
- 海面養殖業 33トン
- 内水面漁業 520トン
- 内水面養殖業 80トン
- 計4239トン

地図上の地名・産物
- サンシャイン水族館
- 東京
- 東京都葛西臨海水族館
- ヤマトシジミ
- しながわ水族館
- マアナゴ
- 東京湾
- テングサ
- イサキ
- イセエビ
- メダイ
- 波浮、大島
- 若郷、利島
- テングサ、新島
- 式根島、タカベ
- 神津島
- 伊豆諸島
- キンメダイ、メダイ
- 阿古、三宅島
- カツオ類、マグロ類、キンメダイ
- 御蔵島
- メカジキ
- ハマダイ
- 父島、二見
- 小笠原諸島
- 母島
- キンメダイ、トビウオ
- カツオ類
- 神港、ムロアジ、八丈島
- 太平洋

東京都には、東京湾から伊豆諸島、さらには小笠原諸島にいたる、南北2000kmもの広大な海があります。伊豆諸島や小笠原諸島は海底地形が複雑なため魚が寄りつきやすく、さらに黒潮にのってマグロ類やカツオなどの回遊魚があつまる、よい漁場になっています。沿岸ではテングサ、イセエビなどの漁が、沖合ではキンメダイ、イサキ、タカベ、ムロアジ、トビウオ、カツオやマグロ類の漁がさかんです。
東京湾内ではスズキやカレイ、アサリ、マアナゴなどがとれ、江戸前として人気があります。
内水面では多摩川などでニジマスやヤマメの養殖がおこなわれています。河口ではウナギやシジミ漁がいとなまれています。

八丈島の島寿司。メダイなど白身の地魚を、しょうゆ、酒、みりんなどにつけこんでつくる。わさびのかわりに練り辛子を使う。

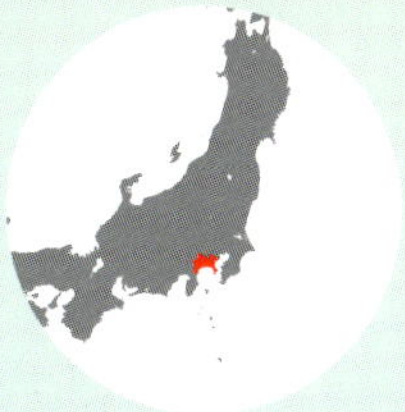

● 関東地方

神奈川県

●漁業就業者数
2273人 (2013年)

●主な水産物ベスト5 (2012年)
- カツオ　1万448トン
- サバ　5109トン
- カタクチイワシ　3778トン
- メバチ　3760トン
- キハダ　2560トン

●漁業生産量 (2012年)
- 内水面漁業　389トン
- 海面養殖業　1274トン
- 内水面養殖業　63トン
- 海面漁業　4万1411トン

計4万3137トン

地図内の地名・水産物：
東京都、山梨県、相模湖、多摩川、丹沢湖、アユ、相模川、アユ、酒匂川、横浜、八景島シーパラダイス、新江ノ島水族館、シャコ、マアナゴ、スズキ、コノシロ、東京湾、柴、カレイ、ノリ(養殖)、小田原、ワカサギ、ニジマス、芦ノ湖、平塚、カマス、シラス、相模湾、イサキ、マアジ、ヒラメ、イシダイ、カタクチイワシ、タチウオ、カワハギ、ホウボウ、真鶴、サバ、ブリ、カツオ、マイワシ、ヒジキ、サザエ、アワビ、イセエビ、佐島、長井、間口、三崎、京急油壺マリンパーク、神奈川県水産技術センター、マダコ、ワカメ(養殖)、サバ、マグロ類、カツオ

神奈川県の情報
- 面積　2416km² (2013年)
- 人口　907万8769人 (2013年)
- 1人当たり県民所得　292.6万円 (2011年)
- 1世帯当たり生鮮魚介類購入量　30.90kg (2011～13年平均)

　神奈川県の面積は小さいですが、海岸線は長くて、約430kmにたっします。その海岸線が接する東京湾や相模湾の海では、いろいろな種類の魚介類が生息しています。
　東京湾ではマアナゴやシャコ、カレイ、スズキなどが、相模湾の沖合ではアジやサバ、イワシ、ブリ、カツオなどの漁がおこなわれています。また沿岸では、ワカメやノリの養殖がさかんです。県内第1位の水揚量をほこる三崎漁港は、カツオやマグロ類などの遠洋漁業の基地となっています。マダイやヒラメ、トラフグ、アワビ、サザエなどは、人の手で育てた稚魚を放流する栽培漁業もさかんです。
　内水面では相模川、酒匂川、芦ノ湖などでアユやニジマスの養殖がおこなわれており、釣りもさかんです。

シラス丼(生シラス)。産地ならではのとりたての生シラスをそのまま味わう(茅ヶ崎市)。

23

新潟県

新潟県は、長い直線の海岸とその沿岸に広がるゆるやかな斜面の大陸棚、佐渡島と粟島沖合の海底の大小の岩礁があり、変化に富んだ海があります。この付近は対馬暖流が北上し、しかも水深300mより深いところは水温2℃以下の海水があり、暖流の魚と寒流の魚の両方が見られます。これにより、魚種が多い海となっています。

新潟県では、「佐渡寒ブリ」、「南蛮エビ（ホッコクアカエビ）」、「ヤナギムシガレイ」のブランド化をすすめています。

いっぽう三面川では秋に産卵のためもどってくるサケを、「ウライ」とよばれる柵をもうけてとる漁がさかんです。

また、長岡市、小千谷市などの中越地区では、ニシキゴイの養殖もおこなわれています。

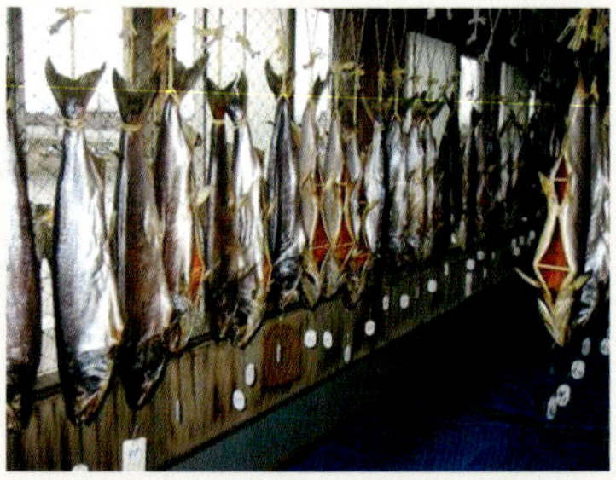

寒風にさらして仕上げる村上の塩引きサケ。

● 中部地方

富山県

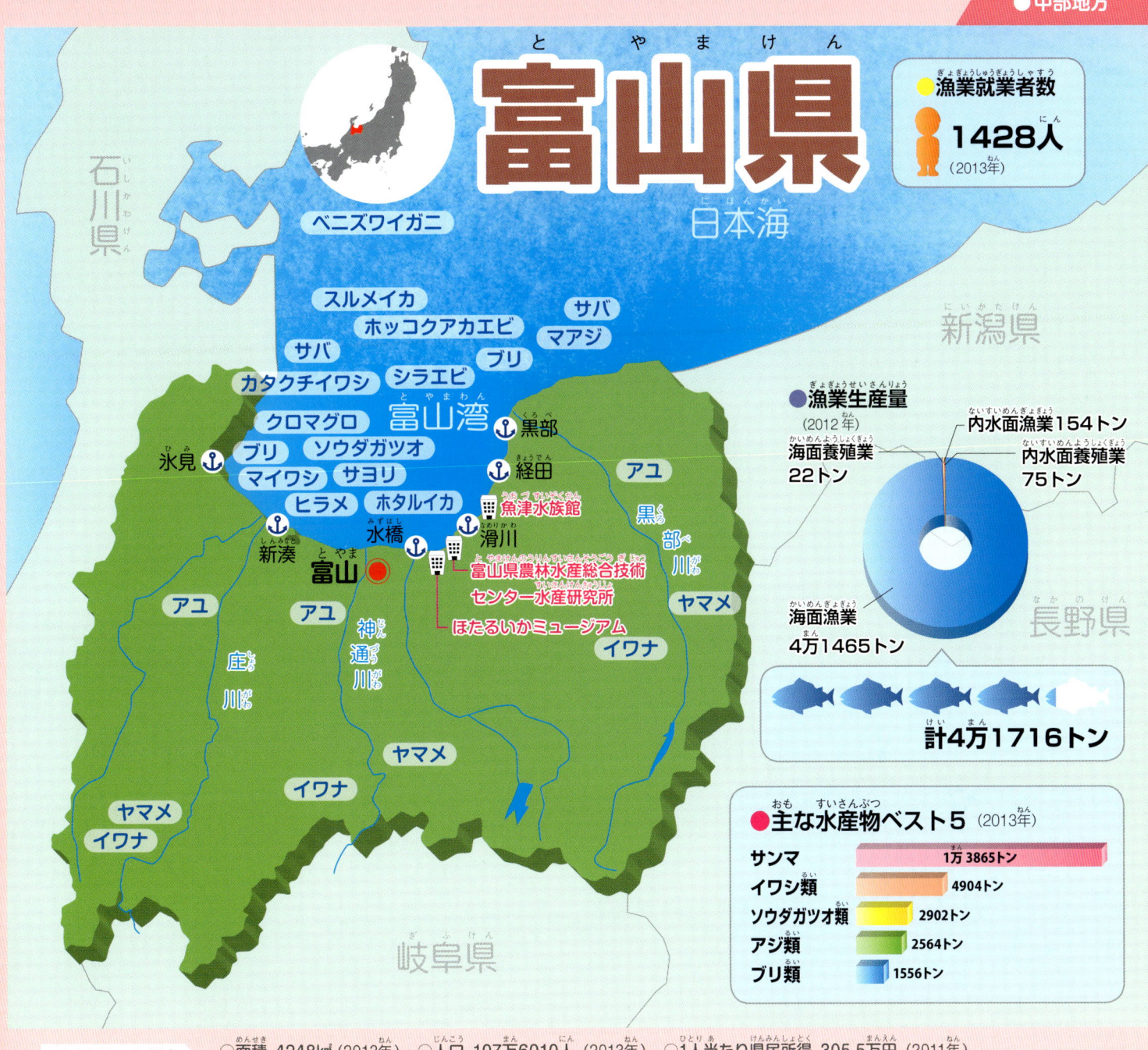

富山湾は、日本でもっとも深い湾のひとつです。ここには暖かな対馬暖流と、日本海の深海の冷たい水により、暖かいところにすむ魚と冷たいところにすむ魚の両方があつまってきます。

富山湾では、魚をさそいこんでとる定置網漁がさかんです。イワシ、マアジ、クロマグロ、ブリなどの回遊魚がとれます。とくに、冬にとれるブリは「ひみ寒ぶり」として高値で取引されています。3月から6月にかけて、魚津、滑川から新湊にかけての沿岸では、ホタルイカ漁がさかんです。

このほか水深の深い海域では、シラエビ、ホッコクアカエビ、ベニズワイガニ、バイ漁などがおこなわれています。8月から1月にかけては、太平洋のサンマ漁に出る船もあります。内水面では、神通川、庄川、黒部川などでアユ、ヤマメ、イワナの漁場となっています。

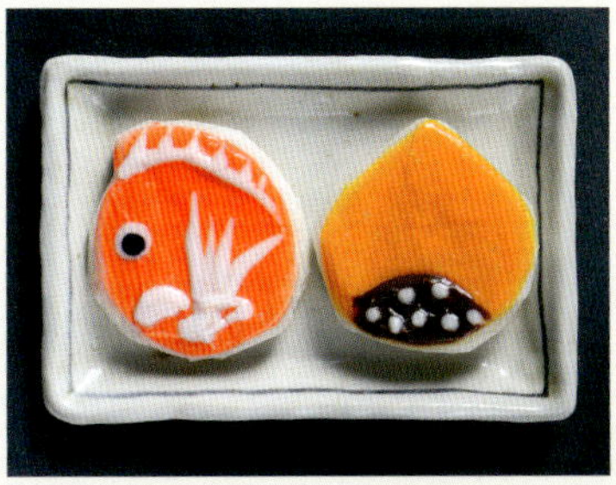

お祝い事にかかせない、タイなどをかたどった細工かまぼこ。

● 中部地方

石川県

- 漁業就業者数
  - 3296人（2013年）

主な水産物ベスト5（2012年）
- スルメイカ　1万4296トン
- イワシ類　1万624トン
- ブリ類　7560トン
- サバ類　6218トン
- マアジ　3486トン

● 漁業生産量（2012年）
- 海面養殖業　1828トン
- 内水面漁業　13トン
- 内水面養殖業　19トン
- 海面漁業　6万280トン
- 計6万2140トン

石川県の情報
- 面積　4186km²（2013年）
- 人口　115万9467人（2013年）
- 1人当たり県民所得　274.4万円（2011年）
- 1世帯当たり生鮮魚介類購入量　37.08kg（2011〜13年平均）

石川県の能登半島の沖合は、対馬暖流と水深の深いところにある冷たい海水とがぶつかりあうところで、魚のえさとなるプランクトンが豊かな漁場です。

春はカレイやサヨリ、夏はスルメイカ、秋はホッコクアカエビ、冬はブリとズワイガニの水揚げで、石川県の漁港は活気づきます。日本海沖合での春から秋の終わりにかけてのスルメイカ釣り漁は、石川県を代表する漁です。

海底にいるホッコクアカエビ、ズワイガニ、カレイなどを、大きな網を入れ船で引いてとる底びき網漁もさかんです。

能登半島の東側に面した沿岸の海では、回遊するブリ、ソウダガツオ、アジなどの魚を網にさそいこんでとる、定置網漁がさかんです。

かぶら寿司。塩漬けした薄切りのブリをカブラにはさみ、こうじに漬けこむ。

● 中部地方

福井県

● 漁業就業者数
1735人（2013年）

● 主な水産物ベスト5（2012年）
- ブリ 2078トン
- スルメイカ 1485トン
- サワラ 1467トン
- アカガレイ 1123トン
- アジ 903トン

日本海／石川県／越前松島水族館／ブリ／マアジ／九頭竜川／鷹巣／アユ／ズワイガニ／サワラ／サクラマス／アカガレイ／福井県内水面総合センター／ハタハタ／スルメイカ／茱崎／福井／越前／若狭湾／ズワイガニ／スルメイカ／トラフグ（養殖）／カレイ／サバ／マダイ（養殖）／サワラ／マアジ／福井県海浜自然センター／福井県水産試験場／ブリ／日向／トラフグ（養殖）／福井県栽培漁業センター／早瀬／敦賀／岐阜県／マダイ（養殖）／三方五湖／ヤマトシジミ／高浜／小浜／アユ／京都府／滋賀県

● 漁業生産量（2012年）
- 内水面漁業 59トン
- 内水面養殖業 17トン
- 海面養殖業 234トン
- 海面漁業 1万4252トン

計1万4562トン

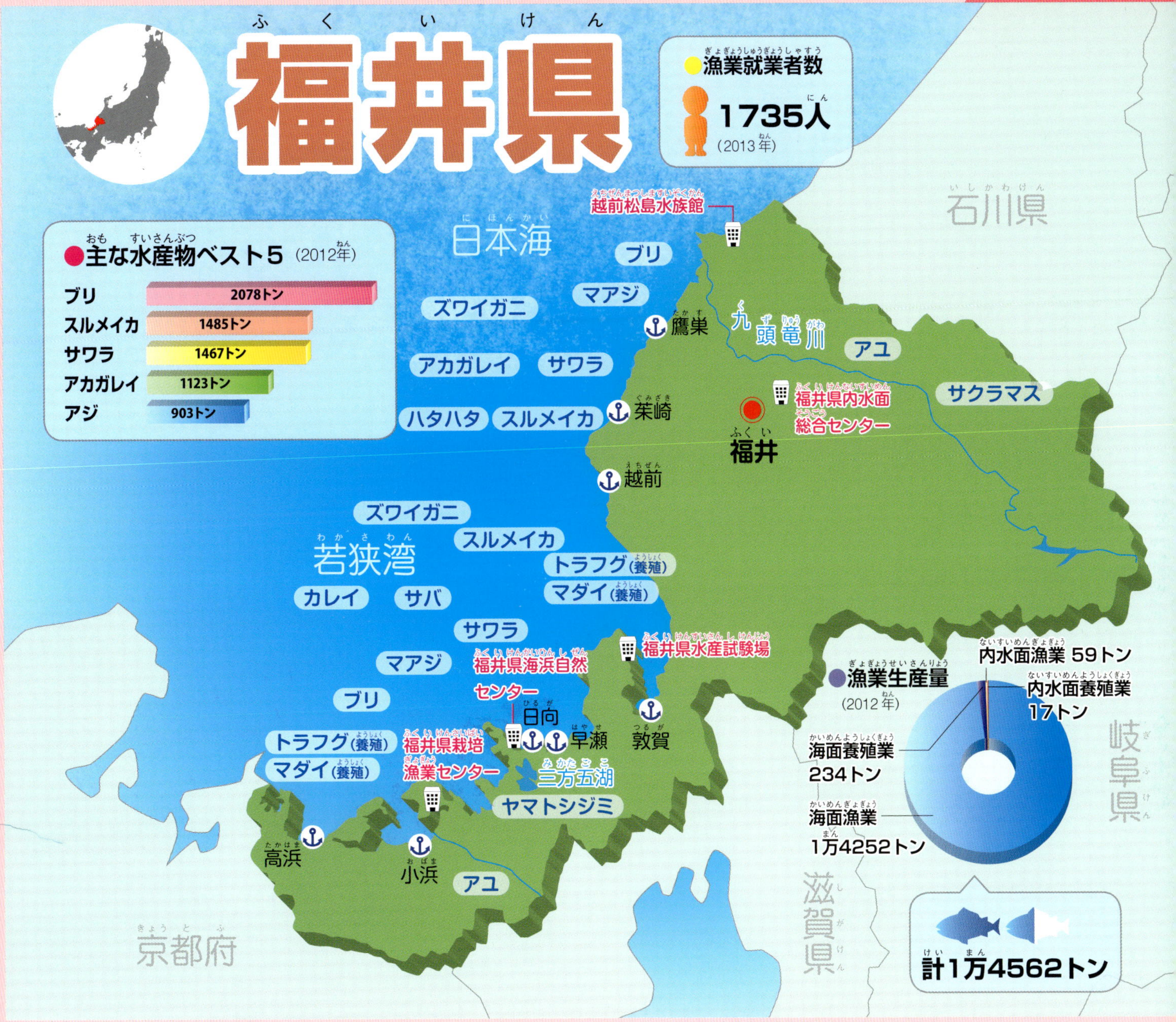

福井県の情報
○面積 4190km²（2013年）　○人口 79万4626人（2013年）　○1人当たり県民所得 284.1万円（2011年）
○1世帯当たり生鮮魚介類購入量 28.49kg（2011～13年平均）

　福井県の海岸線の総延長距離は415kmほど。県中央の敦賀市を境に、北側はなだらかな海岸線で沿岸の海底には岩礁が多く、南側は入りくんだ地形のリアス海岸ですが、沖合にはなだらかな大陸棚がひろがっています。変化に富んだ海では魚の種類が多く、好漁場が続いています。
　水温が低い沖合の水深200mよりも深いところでは、アカガレイ、ズワイガニなどが多く、これらを底びき網漁でとっています。
　岸よりの水深100mよりも浅いところでは、対馬暖流にのって回遊するサワラ、ブリ、アジなどを、定置網でとっています。
　波が静かなリアス海岸の地域では、トラフグ、マダイなどの養殖がおこなわれています。
　内水面漁業では、三方五湖のシジミが特産品です。

越前がに（ズワイガニ）。ゆでて食べるのが絶品。焼きガニや刺身でも食べる。

山梨県

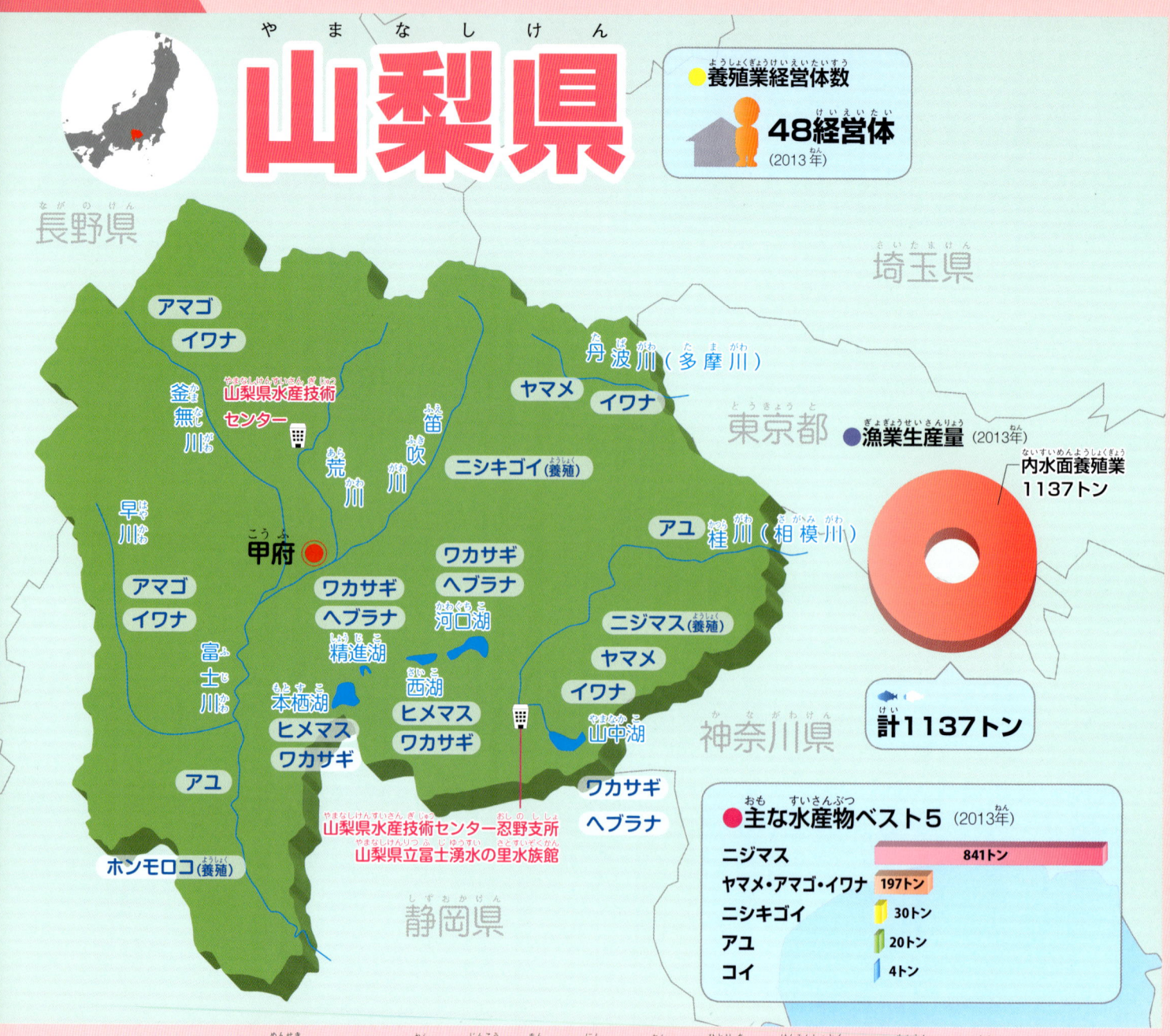

●養殖業経営体数

48経営体
(2013年)

●漁業生産量（2013年）

計1137トン

●主な水産物ベスト5（2013年）

ニジマス	841トン
ヤマメ・アマゴ・イワナ	197トン
ニシキゴイ	30トン
アユ	20トン
コイ	4トン

山梨県の情報

○面積 4465㎢（2013年） ○人口 84万7300人（2013年） ○1人当たり県民所得 277.9万円（2011年）
○1世帯当たり生鮮魚介類購入量 28.34kg（2011～13年平均）

県の面積の約80%が山林で、富士山や南アルプスなどから湧きでる豊かな水を利用したニジマス、イワナ、ヤマメ、アマゴ、アユ、ホンモロコ、コイなどの養殖がさかんです。山梨県水産技術センターの指導を受け、山梨県養殖漁業協同組合に加入している養殖場で3か月以上そだてられた、出荷時の体重が1kg以上の大型ニジマスは、山梨県のブランド魚「甲斐サーモン」と名づけられ出荷されています。

観賞用のニシキゴイ養殖もさかんです。とくに、笛吹川周辺の天然水がニシキゴイのあざやかな紅色を出すのに適しているといわれています。

富士川、桂川、丹波川の3つの水系ではアユやヤマメ、アマゴ、イワナなどを釣ることができます。さらに富士五湖では、ワカサギ釣りやヒメマス釣りのほかヘラブナ釣りなどを楽しむことができます。

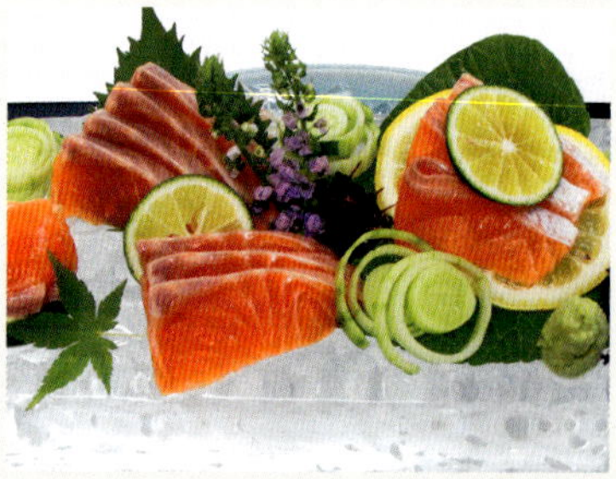

山梨県のブランド魚「甲斐サーモン」の刺身。

●中部地方

長野県

長野県の情報
- 漁業協同組合数 33組合（2010年）
- 養殖業経営体数 196経営体（2013年/漁業協同組合の養殖を含めた組合数）

漁業生産量（2012年）
- 内水面漁業 120トン
- 内水面養殖業 1757トン
- 計1877トン

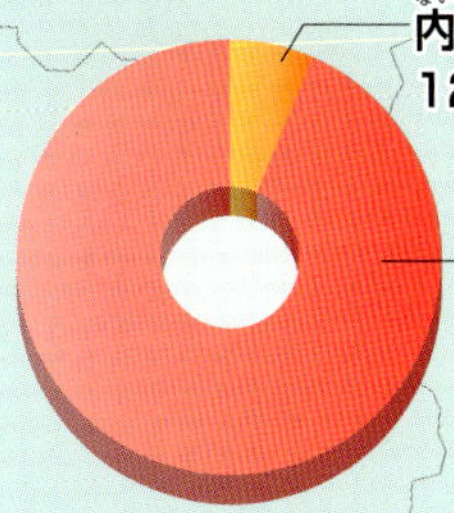

主な水産物ベスト5（2012年）
- マス類（養殖） 1512トン
- コイ（養殖） 194トン
- サケ・マス類 64トン
- アユ（養殖） 51トン
- ワカサギ 20トン

○面積 1万3562km²（2013年）　○人口 212万1590人（2013年）　○1人当たり県民所得 273.0万円（2011年）
○1世帯当たり生鮮魚介類購入量 27.67kg（2011〜13年平均）

地図上の記載：
- ニジマス、イワナ（北部）
- ニジマス、信州サーモン（養殖）、イワナ、ヤマメ
- 須坂市動物園水族館
- 水産試験場
- ニジマス、信州サーモン（養殖）
- コイ、アユ
- コイ、フナ
- ニジマス、イワナ
- 信州サーモン（養殖）
- 水産試験場佐久支場
- コイ、ワカサギ（諏訪湖）
- 水産試験場諏訪支場
- 水産試験場木曽試験地
- イワナ、ニジマス、アマゴ
- ニジマス、フナ
- アマゴ、コイ、アユ、ニジマス

河川：犀川、千曲川、梓川、木曽川、天竜川

周辺県：新潟県、富山県、群馬県、岐阜県、山梨県、静岡県

長野県は、海に面していない内陸県です。千曲川や木曽川など水質のよい川が多く、アユやニジマス、ヤマメなどの養殖がさかんにおこなわれています。諏訪湖ではワカサギが重要な魚種になっています。佐久地方は、「佐久鯉」で知られる長野県のコイの養殖の中心地です。

長野県水産試験場では、ニジマスとブラウントラウトを交配させ、新品種「信州サーモン」を開発しました。ニジマスとくらべて成長がはやく、ふ化から3年後には体長60cm、重量2kgとなり出荷できます。さらに、成長が早いイワナの開発にも成功。ふ化してからわずか3年で1kgをこえるので、これも長野県の代表的な養殖魚として期待されています。

テングサを原料にして作る寒天の生産も、長野県の水産業をささえています。

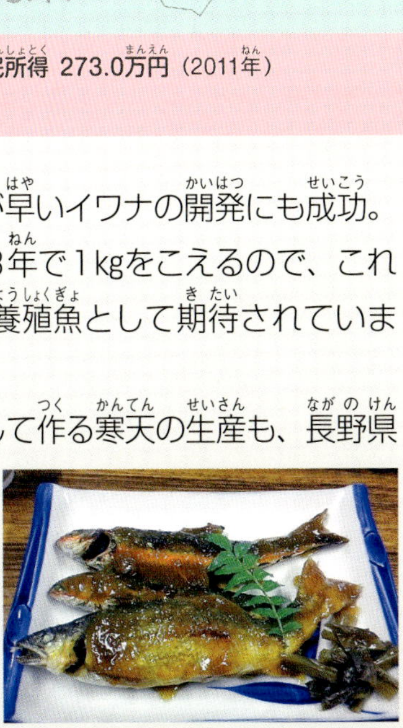

焼いたウグイ・アユに、砂糖やみりんをまぜ、ゆずなどでかおりをつけたみそをぬりつけた田楽。

岐阜県

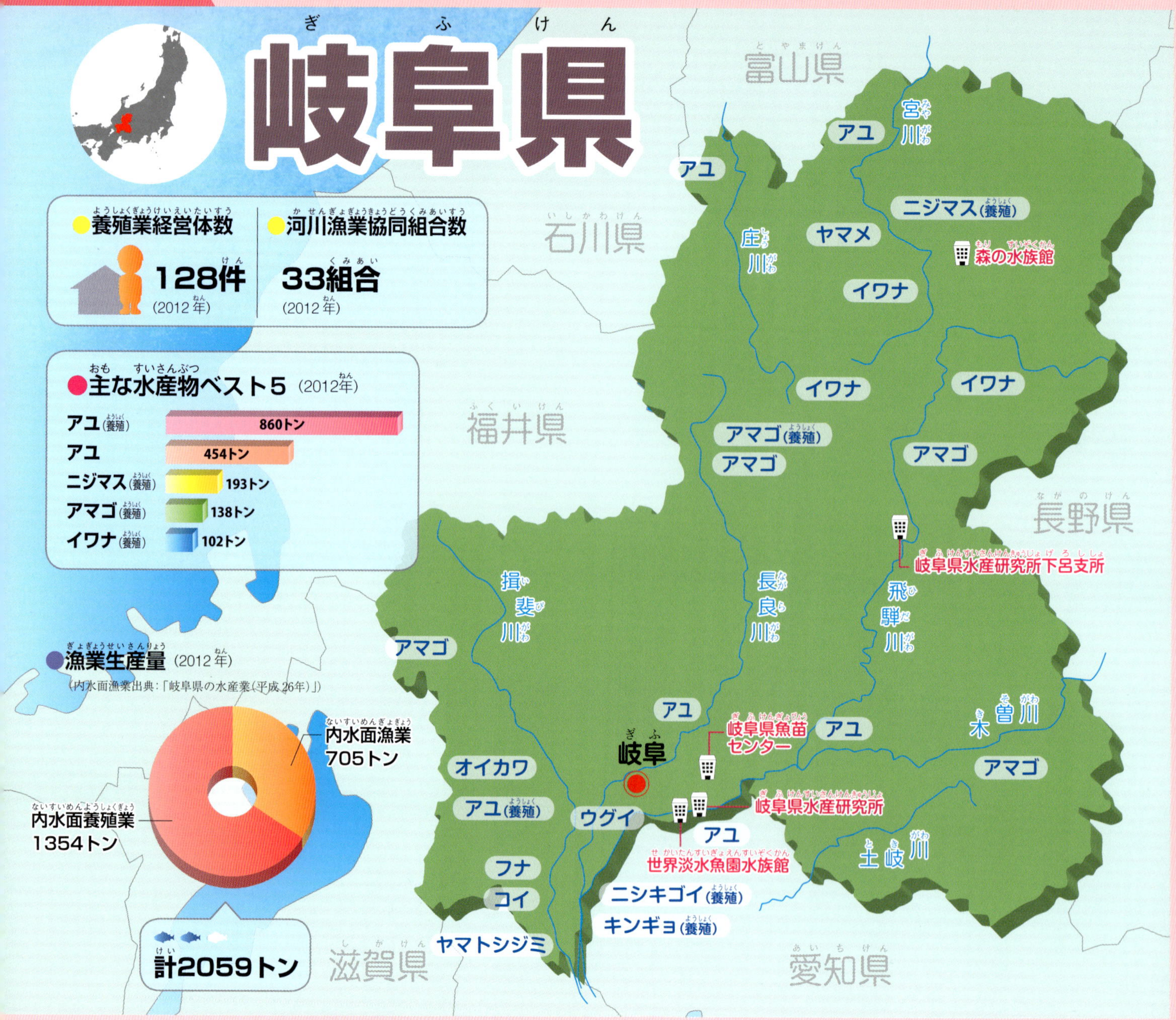
養殖業経営体数
128件
(2012年)
河川漁業協同組合数
33組合
(2012年)
主な水産物ベスト5 (2012年)
アユ(養殖) 860トン
アユ 454トン
ニジマス(養殖) 193トン
アマゴ(養殖) 138トン
イワナ(養殖) 102トン
漁業生産量 (2012年)
(内水面漁業出典:「岐阜県の水産業(平成26年)」)
内水面漁業
705トン
内水面養殖業
1354トン
計2059トン
富山県
石川県
福井県
長野県
滋賀県
愛知県
アユ
宮川
ニジマス(養殖)
庄川
ヤマメ
森の水族館
イワナ
アマゴ(養殖)
アマゴ
岐阜県水産研究所下呂支所
揖斐川
長良川
飛騨川
木曽川
岐阜
岐阜県魚苗センター
オイカワ
ウグイ
岐阜県水産研究所
世界淡水魚園水族館
土岐川
フナ
コイ
ニシキゴイ(養殖)
キンギョ(養殖)
ヤマトシジミ

岐阜県の情報
○面積 1万621㎢(2013年) ○人口 205万1496人(2013年) ○1人当たり県民所得 265.7万円(2011年)
○1世帯当たり生鮮魚介類購入量 25.44kg(2011〜13年平均)

海に面していない内陸県の岐阜県は、伊勢湾にそそぐ木曽川・長良川・揖斐川の木曽三川、日本海にそそぐ庄川や宮川をはじめ、水のきれいな河川にめぐまれています。

標高の高い河川の上流ではアマゴやイワナなど、中流ではアユを中心に、ウグイ・オイカワが、下流ではコイやフナが漁獲されます。アユは県の魚にもなっていて、漁獲量は日本のトップクラスです。

2004(平成16)年ごろから、アユをはじめ養殖業が河川漁業の生産量を上回るようになりました。アマゴの養殖は、岐阜県が全国で最初に手がけたもので、河川への放流もおこなわれています。

もうひとつ、アメリカ原産のナマズの一種(アメリカナマズ)が飛騨市河合町のダム湖で育てられていて、「河ふぐ」として名産品となっています。

岐阜県のアユ産地では、郷土料理のアユ雑炊が食べられる。

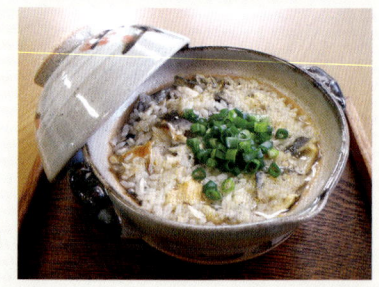

静岡県

● 中部地方

●漁業生産量 (2012年)
- 内水面養殖業 3312トン
- 海面養殖業 2552トン
- 海面漁業 22万70トン

計22万5934トン

●主な水産物ベスト5 (2012年)
カツオ	8万9735トン
サバ類	5万9494トン
キハダ	1万7554トン
ビンナガ	1万373トン
シラス	1万236トン

●漁業就業者数
5750人 (全国10位) (2013年)

地図上の地名・水産物
長野県、山梨県、神奈川県、富士山、富士川、東海大学海洋科学博物館、水産総合研究センター、国際水産資源研究所、由比、ニジマス(養殖)、静浦、網代、安倍川、マダイ、サバ、マアジ、サクラエビ、静岡、狩野川、駿河湾、マアジ、戸田、サバ、マイワシ、伊豆半島、ブリ、大井川、焼津、シラス、カタクチイワシ、タカアシガニ、サバ、イカ、稲取、相模湾、水産技術研究所、サクラエビ、タチウオ、マダイ、アワビ、イセエビ、妻良、キンメダイ、テングサ、アワビ、下田海中水族館、キンメダイ、天竜川、浜名湖、クルマエビ、カキ(養殖)、ウナギ(養殖)、アサリ、福田、舞阪、アワビ、テングサ、シラス、トラフグ、シラス、遠州灘、カツオ(遠洋)、マグロ(遠洋)、カツオ(遠洋)

静岡県の情報
- 面積 7781km² (2013年)
- 人口 372万2918人 (2013年)
- 1人当たり県民所得 316.2万円 (2011年)
- 1世帯当たり生鮮魚介類購入量 30.66kg (2011〜13年平均)

静岡県では、太平洋につきでた伊豆半島、水深2500mの日本でもっとも深い湾の駿河湾、大陸棚とよばれるゆるやかな斜面の海底がひろがる遠州灘など、変化に富んだ海がみられます。魚の種類や数も多く、沿岸のシラスやサクラエビ、沖合のカツオ、イワシ、アジ、サバ、キンメダイなどのさまざまな漁がおこなわれています。

静岡県の焼津漁港は、100トン以上の大型漁船を使い、太平洋やインド洋などの遠い海上でカツオやマグロ類をとる遠洋漁業の水揚基地として全国のトップクラスの漁港です。

浜名湖のまわりではウナギの養殖がさかんです。

また、富士山の豊富なわき水を利用したニジマスの養殖がおこなわれています。

がわ料理。とりたての魚をたたいて水に入れ、漬け物や野菜などの具を入れてから、みそをとき氷を入れてたべる。

●中部地方

愛知県

- 漁業就業者数 4319人（2013年）

●主な水産物ベスト5（2012年）

アサリ類	1万7562トン
カタクチイワシ	1万5168トン
イカナゴ	8209トン
シラス	7433トン
ウナギ（養殖）	4018トン

●漁業生産量（2012年）
- 内水面漁業 33トン
- 内水面養殖業 5114トン
- 海面養殖業 1万5496トン
- 海面漁業 7万5171トン

計9万5814トン

地図内の記載：
木曽川、庄内川、矢作川、豊川、アユ、キンギョ（養殖）、県庁水産課、名古屋、内水面漁業研究所弥富指導所、名古屋港水族館、碧南海浜水族館、蒲郡市竹島水族館、スズキ、カタクチイワシ、マイワシ、ノリ（養殖）、マス類（養殖）、水産試験場、ウナギ（養殖）、アユ、内水面漁業研究所三河一宮指導所、マアナゴ、シャコ、大浜、西幡豆、形原、三谷、アユ（養殖）、ウナギ（養殖）、水産試験場漁業生産研究所、カレイ、クルマエビ、豊浜、アサリ、シャコ、三河湾、伊勢湾、イカナゴ、マダコ、マダコ、クロダイ、ガザミ、福江、赤羽根、栽培漁業センター、マダイ、クルマエビ、サバ、トラフグ、ヤリイカ、シラス、マアジ、マイワシ、カタクチイワシ

岐阜県／長野県／静岡県／三重県

愛知県の情報
- 面積 5165km²（2013年）
- 人口 744万2874人（2013年）
- 1人当たり県民所得 310.5万円（2011年）
- 1世帯当たり生鮮魚介類購入量 27.97kg（2011〜13年平均）

愛知県の漁業は、伊勢湾、三河湾内と、渥美半島の太平洋側での沿岸漁業を中心にいとなまれています。漁獲量日本一をほこるアサリをはじめ、ガザミ、クルマエビ、シラスなど、全国でも上位をしめる漁獲量があります。愛知県の主要な漁業のアサリ漁は、「マンガ」とよぶ漁具を腰につないで、漁具のつめを砂にもぐらせながらひいてアサリをとります。このほかカレイ、マアナゴ、アジ、イワシやシラス、イカナゴ漁もさかんです。

愛知県のノリの養殖は古く、江戸時代の終わりごろに、豊川の河口ではじまりました。現在は、知多半島の沿岸や渥美半島の三河湾沿岸でさかんです。
　内水面では、西尾市の一色町を中心にウナギの養殖が、弥富市ではキンギョの養殖が、それぞれ全国でもトップクラスの生産量です。

焼き大アサリ（ウチムラサキ）。伊良湖岬、恋路ヶ浜の名物。

（出典：『あいちの伝承料理400選』）

三重県

三重県は日本列島のほぼ中央の太平洋側に位置し、伊勢湾内は遠浅の海、志摩付近は入りくんだリアス海岸、南部は沖に黒潮が流れる熊野灘に面し、変化に富んだ漁場にめぐまれています。

伊勢湾では、木曽川・揖斐川・長良川の木曽三川からの栄養に富んだ流れにより、イワシ、マアナゴ、カレイ、アサリなどの豊かな漁場となり、遠浅の沿岸ではノリの養殖がさかんです。

鳥羽・志摩では、リアス海岸の入り江が続き、マダイをはじめさまざまな魚の産卵場所となっています。カキの養殖や、真珠養殖もさかんです。

熊野灘では、回遊魚のカツオ、ブリ、マグロ類の漁がおこなわれています。沿岸では、ブリやマダイの養殖もさかんです。内陸では、雲出川や宮川などアユ釣りの名所が多くあります。

伊勢エビ汁。イセエビのぶつ切りを具にしたみそ汁。

● 近畿地方

滋賀県

- 自営漁業就業者数（養殖を含む） **916人** (2013年)

- 主な水産物ベスト5 (2012年)
  - アユ 525トン
  - アユ（養殖） 508トン
  - マス類（養殖） 125トン
  - フナ類 111トン
  - エビ類 79トン

- 漁業生産量 (2012年) 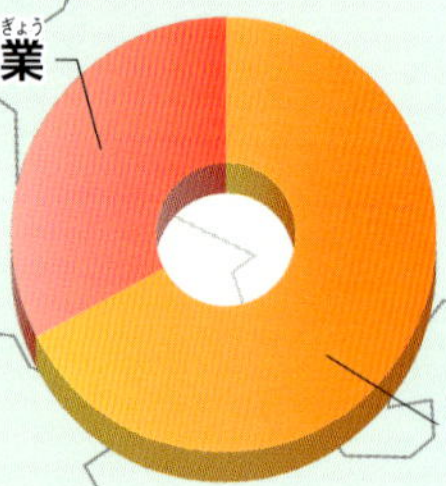
  - 内水面養殖業 637トン
  - 内水面漁業（琵琶湖） 1316トン
  - 計 1953トン

滋賀県の情報　○面積 4017km² (2013年)　○人口 141万5982人 (2013年)　○1人当たり県民所得 307.2万円 (2011年)　○1世帯当たり生鮮魚介類購入量 30.70kg (2011〜13年平均)

地図上の表記：福井県、岐阜県、京都府、三重県、大津、安曇川、姉川、野洲川、琵琶湖、ウグイ、ニゴロブナ、アユ、ビワマス、ワカサギ、ホンモロコ、エビ、セタシジミ、尾上、南浜、沖之島、堅田、姉川人工河川、安曇川人工河川、醒井養鱒場、滋賀県水産試験場、琵琶湖博物館、琵琶湖栽培漁業センター

　滋賀県は海に面していませんが、日本最大の淡水湖の琵琶湖があります。滋賀県の漁業はこの琵琶湖を中心におこなわれています。漁港も沖之島漁港をはじめ69か所もあります。

　アユのほか、琵琶湖固有のニゴロブナ、ホンモロコ、イサザ、セタシジミ、ビワマスなどが生息しています。代表的な漁は、コアユを定置網でとるえり漁です。

　ビワマスは、琵琶湖で天然ものが漁獲されるほか、水産試験場の研究成果により、陸地の池で養殖がおこなわれています。

　なお、ニゴロブナ、ホンモロコ、セタシジミなどが減りつづけています。産卵場所の沿岸にヨシをそだて砂の湖底にもどすなどして、漁獲量をとりもどそうと県や漁業者たちによる取り組みがすすめられています。

ふなずし。ニゴロブナをごはんに漬けこんで発酵させた寿司。

（写真：太田滋規）

●近畿地方

京都府

京都府の地図情報

- 日本海
- 久美浜湾：クロマグロ、サワラ、ズワイガニ、カレイ、スルメイカ、サザエ、ブリ、カキ（養殖）
- 浅茂川
- 間人：サザエ
- 丹後半島
- 浦島：アマダイ、マアジ
- 伊根：アオイカ、サワラ
- 栗田：トリガイ、ヒラメ、ブリ
- 若狭湾
- 竜宮浜：カタクチイワシ、カキ（養殖）
- 宮津湾
- 京都府農林水産部水産事務所
- 水産総合研究センター 日本海区水産研究所宮津庁舎
- 舞鶴
- 京都大学舞鶴水産実験所
- 由良川
- 福井県 / 岐阜県 / 滋賀県 / 兵庫県 / 大阪府 / 三重県
- アユ、アマゴ
- 鴨川：オイカワ
- 桂川：コイ
- 京都
- 京都水族館
- 宇治川
- 木津川

漁業就業者数
1421人（2013年）

漁業生産量（2012年）
- 内水面漁業 17トン
- 内水面養殖業 4トン
- 海面養殖業 523トン
- 海面漁業 1万1470トン
- 計1万2014トン

主な水産物ベスト5（2012年）
- イワシ類 2002トン
- ブリ類 1808トン
- サワラ 1599トン
- マアジ 1112トン
- イカ類 711トン

京都府の情報
- 面積 4613km²（2013年）
- 人口 261万7347人（2013年）
- 1人当たり県民所得 286.5万円（2011年）
- 1世帯当たり生鮮魚介類購入量 30.02kg（2011～13年平均）

丹後半島に面した海と若狭湾が京都の海です。対馬暖流という暖かい海の魚と、日本海固有水とよばれる深海の冷たい海水にすむ魚がとれます。

若狭湾には由良川からの栄養をふくんだ水が流れこみ、その豊富なプランクトンをもとめて小魚が、さらにその小魚をエサとする大きな魚があつまってきます。そのため、若狭湾沿岸では、ブリ、サワラ、イワシ、アジなどをとる定置網漁がさかんです。

日本海では、底びき網漁で、ズワイガニやアカガレイの漁をおこなっています。沿岸では、ブリ、サワラなどのほかクロマグロをとる定置網漁がおこなわれています。

河川では、大阪湾にそそぐ淀川水系と日本海にそそぐ由良川水系があり、上流はサケ・マス類、中流でアユやオイカワ、下流はコイやウナギなどがとれます。

ばら寿司。サバのおぼろを使った、お祭りや祝い事などにかかせない家庭料理。

● 近畿地方

大阪府

漁業就業者数
1036人（2013年）

主な水産物ベスト5（2012年）
- カタクチイワシ　8348トン
- シラス　3700トン
- マイワシ　3296トン
- イカナゴ　1594トン
- カレイ類　268トン

漁業生産量（2012年）
- 海面養殖業　279トン
- 海面漁業　2万1518トン
- 計2万1797トン

大阪湾の魚：マイワシ、カレイ、カタクチイワシ、マアナゴ、イカナゴ、マダコ、シラス、シャコ、クロダイ、キジハタ、ワカメ、ガザミ

地名：京都府、兵庫県、奈良県、芥川、淀川、大阪、海遊館、大和川、堺、カワチブナ（養殖）、タモロコ（養殖）、岸和田、きしわだ自然資料館、関西国際空港、佐野、岡田、大阪府立環境農林水産総合研究所 水産技術センター、小島、アユ、ニジマス

大阪府の情報
- 面積　1901km²（2013年）
- 人口　884万8770人（2013年）
- 1人当たり県民所得　292.0万円（2011年）
- 1世帯当たり生鮮魚介類購入量　29.19kg（2011〜13年平均）

　大阪湾には、淀川や大和川などから栄養豊かな水が流れこむため、プランクトンが豊富でたくさんの魚があつまります。そのため、瀬戸内海でも有数の好漁場となっています。大阪湾で「チヌ」とよばれるクロダイがたくさんとれ、「茅渟の海」とよばれていました。現在は、大規模な巾着網漁や船びき網漁で、カタクチイワシやマアジ、シラスなどがとれ、たくさんの漁船がくりだしています。大阪湾でとれる魚や加工したシラス干しなどには、「大阪産」というよび名をつけて、大阪をはじめ日本各地にそのおいしさを発信しています。

　内水面の漁業は、大阪府南部を中心にため池を利用したカワチブナ（ゲンゴロウブナ）やタモロコの養殖がおこなわれています。また、北部の芥川などの河川は、アユやサケ・マス類の釣り場となっています。

ガザミの塩ゆで。だんじりで有名な岸和田祭は、「かに祭り」ともよばれ、祭りではガザミを食べる。

36

● 近畿地方

兵庫県(ひょうごけん)

● 漁業就業者数
5334人
(2013年)

● 主な水産物ベスト5 (2012年)
- シラス　1万3483トン
- イカナゴ　1万1620トン
- イカ類　4177トン
- カレイ類　2786トン
- ベニズワイガニ　2573トン

● 漁業生産量 (2012年)
- 内水面養殖業　50トン
- 海面漁業　5万4880トン
- 海面養殖業　7万8928トン
- 計13万3858トン

地図ラベル：
- 日本海側：アカガレイ、ズワイガニ、スルメイカ、ベニズワイガニ、ハタハタ、ホタルイカ
- 浜坂、香住、兵庫県但馬水産技術センター、城崎マリンワールド
- フナ、コイ、円山川、アユ、兵庫県内水面漁業センター
- 鳥取県、岡山県、京都府、大阪府、和歌山県、香川県
- 加古川、姫路市立水族館、兵庫県水産技術センター、神戸市立須磨海浜水族園、神戸
- 室津、カキ(養殖)、ガザミ、コイ、フナ、妻鹿、カレイ、ノリ(養殖)、マアナゴ、林崎、サワラ、マダイ、垂水、ノリ(養殖)
- 播磨灘、サワラ、イカナゴ、仮屋、マダイ、マアナゴ、シラス、カレイ
- カレイ、サワラ、マダイ、丸山、淡路島、イカナゴ、ノリ(養殖)、カレイ、サワラ、マダイ
- 大阪湾

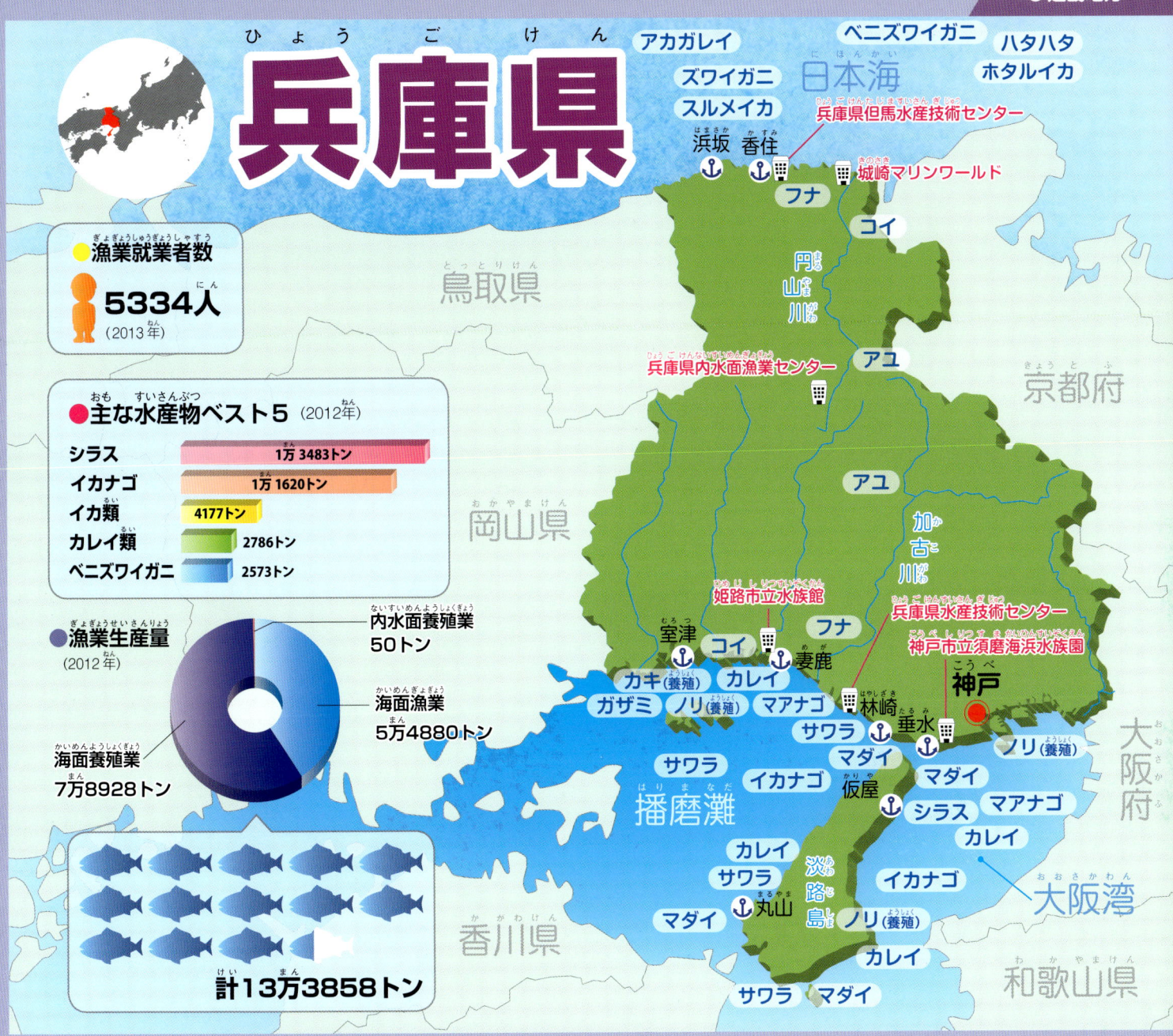

兵庫県の情報
○面積 8396km² (2013年)　○人口 555万7534人 (2013年)　○1人当たり県民所得 258.5万円 (2011年)
○1世帯当たり生鮮魚介類購入量 31.73kg (2011〜13年平均)

　北側は冬の風がきびしい日本海、南側は温暖だが潮流の速い瀬戸内海と、異なるふたつの海に面しています。
　日本海側の海では、ズワイガニやカレイ類、ハタハタなどのほか、春先にはホタルイカをとっています。春から夏にかけてはイカ釣り漁、9月から翌年の6月まではベニズワイガニ漁がおこなわれます。
　瀬戸内海側では、季節ごとに変わるさまざまな魚にあわせた漁法がおこなわれています。春と秋のマダイを網でかこってとるゴチ網漁はその代表的な漁法です。イカナゴやシラスをとる船びき網漁もさかんです。小型底びき網などでカレイ、マアナゴ、マダコなどをとります。
　円山川や加古川などで、放流されたアユやサケ・マス類が釣り人を楽しませています。

明石のイカナゴのくぎ煮。できあがった姿がくぎににているのでこの名がついた。

37

● 近畿地方

奈良県

奈良県の情報

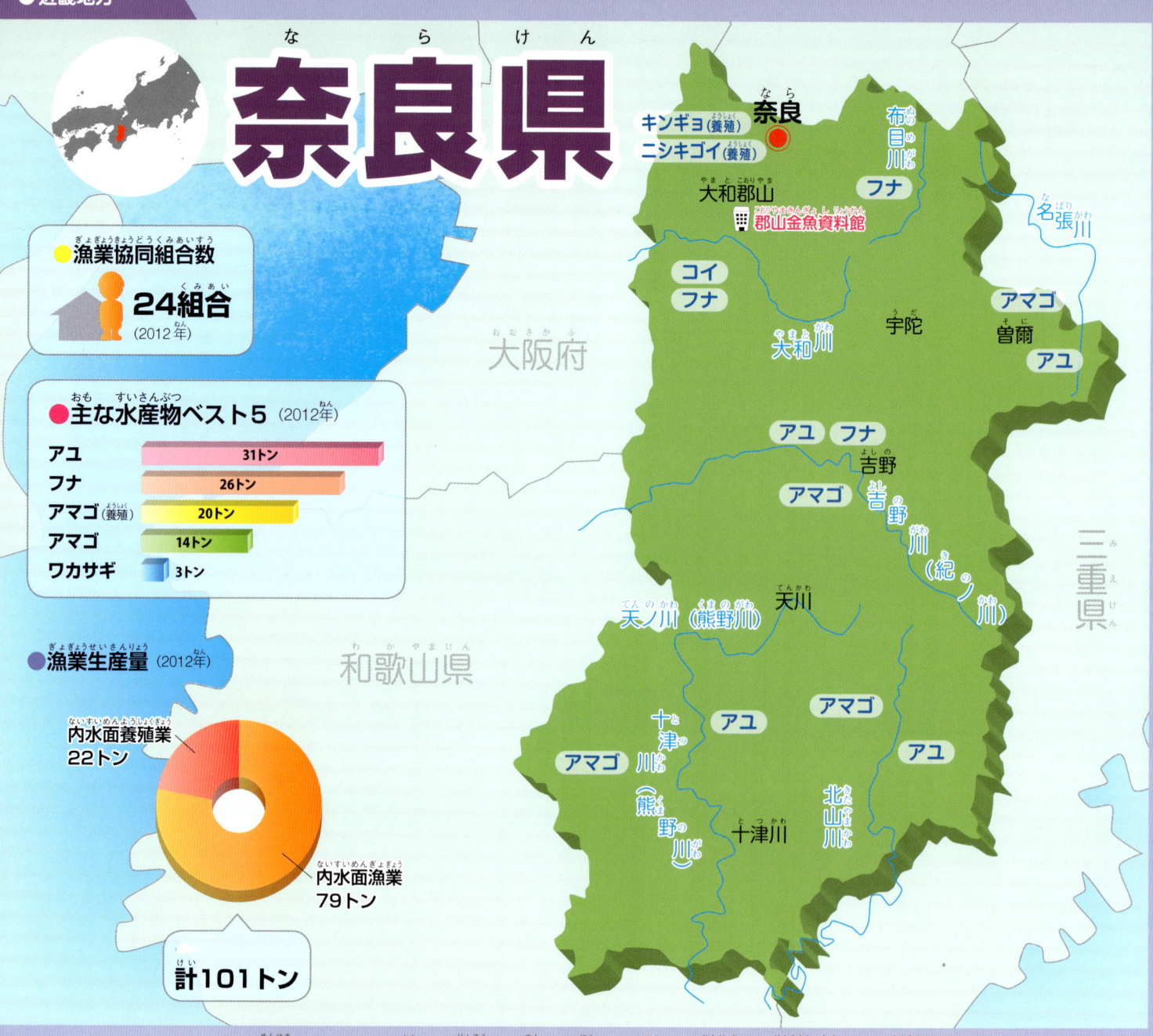

- 漁業協同組合数 **24組合**（2012年）

主な水産物ベスト5（2012年）
- アユ 31トン
- フナ 26トン
- アマゴ（養殖）20トン
- アマゴ 14トン
- ワカサギ 3トン

漁業生産量（2012年）
- 内水面養殖業 22トン
- 内水面漁業 79トン
- 計101トン

○面積 3691km²（2013年）　○人口 138万3317人（2013年）　○1人当たり県民所得 238.8万円（2011年）
○1世帯当たり生鮮魚介類購入量 30.49kg（2011〜13年平均）

地図上の表示：
- 奈良：キンギョ（養殖）、ニシキゴイ（養殖）
- 大和郡山：郡山金魚資料館
- 布目川、フナ
- コイ、フナ、大和川、宇陀
- 名張川
- 曽爾：アマゴ、アユ
- 吉野：アユ、フナ、アマゴ、吉野川（紀ノ川）
- 天川：天ノ川（熊野川）
- 十津川（熊野川）、アマゴ、アユ、アマゴ
- 北山川、アユ
- 三重県、大阪府、和歌山県

　海に面していない奈良県の水産業は、内水面漁業と養殖業にかぎられています。紀ノ川水系の吉野川、新宮川水系の十津川、淀川水系の名張川などではアユやアマゴ、フナ、コイなどの漁がおこなわれていますが、2012（平成24）年では漁業生産量100トンあまりとその規模は大きくありません。
　アマゴやアユなどの養殖業は、吉野や宇陀の山あいでおこなわれ、河川への放流のほか主に県内に出荷されています。
　いっぽう、江戸時代からはじまった観賞用のキンギョの養殖は、明治時代になってからは、農業用のため池で、農家が米づくり以外に収入をえるためにさかんにおこなわれるようになりました。そして現在も、大和郡山市を中心にさかんで、全国有数の産地としてよく知られています。

吉野川上流でとれたアユの塩焼き。

38

●近畿地方

和歌山県

●漁業就業者数
2907人 (2013年)

●主な水産物ベスト5 (2012年)
- サバ類 5938トン
- イワシ類（シラス含む） 5052トン
- アジ類 3649トン
- カツオ類 2185トン
- マグロ類 1157トン

●漁業生産量 (2012年)
- 内水面漁業 6トン
- 内水面養殖業 958トン
- 海面養殖業 1549トン
- 海面漁業 2万4896トン

計2万7409トン

三重県／奈良県／熊野灘／太平洋／紀伊水道

地図内ラベル：和歌山、アユ（養殖）、アユ、紀ノ川、マダイ、シラス、マイワシ、エビ、マダイ、タチウオ、ハモ、カタクチイワシ、マアジ、ウルメイワシ、サバ、イセエビ、カサゴ、ヒロメ、イサキ、スルメイカ、アワビ、カツオ、マダイ、イセエビ、マグロ、マグロ、ブリ、箕島、有田川、塩屋、日高川、日ノ御埼、日置川、田辺、勝浦、串本、熊野川、和歌山県立自然博物館、京都大学白浜水族館、すさみ海立エビとカニの水族館、太地町立くじらの博物館、串本海中公園、和歌山県水産試験場

和歌山県の情報　○面積 4726km² (2013年)　○人口 97万9447人 (2013年)　○1人当たり県民所得 265.5万円 (2011年)　○1世帯当たり生鮮魚介類購入量 34.57kg (2011〜13年平均)

　和歌山県は、紀伊半島の南西にあり、約650kmにおよぶ海岸線がつらなっています。
　日ノ御埼を境に、北は瀬戸内海で、シラスやイカをとる船びき網漁や、海底近くのタチウオや、ハモ、エビなどをとる底びき網漁がさかんです。
　日ノ御埼の南は太平洋の海域で、夜間に明かりであつめたアジやサバの群れを網で囲いこむまき網漁や、エサににせた疑似ばりを船でひっぱってカツオやマグロ類を釣るひき縄釣り漁も見られます。
　陸地に近い沿岸では、イセエビ、カサゴなどを網にからませてとるさし網漁、魚の通り道に大型の網をもうけて魚をさそいこんでブリ、アジ、サバなどをとる定置網漁もさかんです。
　紀ノ川流域では、アユの養殖がさかんで、生産量は日本一です。

なれずし。サバを酢を使わずに塩と米飯で発酵させ酸味をもたせている。

39

● 中国地方

鳥取県

● 漁業就業者数
1320人（2013年）

クロマグロ
マサバ
マアジ
ズワイガニ
ベニズワイガニ
ソウハチ
ソデイカ
ハタハタ
日本海
美保湾
サワラ
ブリ
スルメイカ
ケンサキイカ
ブリ
ケンサキイカ
ヒラメ
トビウオ
マダイ
トビウオ
かにっこ館
網代
鳥取県水産試験場
アワビ
サザエ
イワガキ
ヒラメ
キジハタ
境
バイ
淀江
泊
鳥取
鳥取
アユ
鳥取県栽培漁業センター
アユ
島根県
日野川
天神川
千代川
兵庫県

● 漁業生産量（2012年）
内水面漁業 109トン
海面養殖業 176トン
内水面養殖業 64トン
海面漁業 5万6808トン
計5万7157トン

● 主な水産物ベスト5（2012年）
サバ類 1万943トン
ブリ類 9461トン
アジ類 5889トン
マイワシ 3767トン
スルメイカ 3409トン

岡山県

鳥取県の情報
○面積 3507km²（2013年）　○人口 57万7647人（2013年）　○1人当たり県民所得 223.2万円（2011年）
○1世帯当たり生鮮魚介類購入量 42.59kg（2011〜13年平均）

　鳥取県の海岸線は総延長129km。海岸の多くはなだらかな砂浜で、砂底に生息するヒラメやバイがとれます。東部と西部には天然の岩場があり、アワビ、サザエ、イワガキなどがとれます。沿岸では漁船漁業がさかんで、ブリ、マダイ、ケンサキイカ（白イカ）などをとっています。近年は回遊性のサワラ、ソデイカ（赤イカ）の漁獲が増加しています。
　沖合は対馬暖流と山陰・若狭沖冷水がぶつかる豊かな漁場となっています。表層はクロマグロやアジ、サバなどが、底層はズワイガニやベニズワイガニ、アカガレイなどがとれます。西部の美保湾でギンザケの大規模な養殖がはじまりました。栽培漁業はアワビ、サザエの稚貝放流がさかんです。
　境漁港は水揚量日本一となったこともある、日本海側では最大の漁業基地です。

雌のズワイガニのみそ汁。雌のズワイガニは「親がに」と呼ばれ、小型で価格も手頃。ゆでたものや、みそ汁や炊き込みご飯でよく食卓にのぼる。

40

● 中国地方

島根県

●主な水産物ベスト5 (2012年)
- マアジ 3万1219トン
- サバ類 1万9832トン
- マイワシ 1万8003トン
- カタクチイワシ 1万1459トン
- ブリ 9461トン

●漁業就業者数
3032人 (2013年)

隠岐諸島周辺:ベニズワイガニ、ズワイガニ、スルメイカ、西郷、浦郷、マアジ、イワガキ、ケンサキイカ、スルメイカ、アマダイ、ブリ、アカガレイ、マダイ、トビウオ、ヒラメ

日本海
島根県立宍道湖自然館（ゴビウス）
恵曇、松江
サワラ、サバ、ヤマトシジミ、宍道湖
和江、神西湖、斐伊川
鳥取県

スルメイカ、アカムツ、カレイ、ヒラメ、ケンサキイカ、マイワシ、ウルメイワシ、マアジ、カタクチイワシ、アユ、江の川

岡山県

アマダイ、浜田
島根県水産技術センター
島根県立しまね海洋館（アクアス）
高津川、アユ

●漁業生産量 (2012年)
- 内水面漁業 2074トン
- 内水面養殖業 26トン
- 海面養殖業 471トン
- 海面漁業 12万1931トン

計12万4502トン

広島県
山口県

島根県の情報
- 面積 6708km² (2013年)
- 人口 70万1995人 (2013年)
- 1人当たり県民所得 238.2万円 (2011年)
- 1世帯当たり生鮮魚介類購入量 39.60kg (2011～13年平均)

島根県の海岸線の長さは、約1028km。全国で10番目の長さです。沖合には対馬暖流が流れていて、よい漁場となっています。また、隠岐諸島にかけては、ゆるやかな大陸棚が続き、マアジ、サバ、イカ、ズワイガニ、ベニズワイガニなど季節ごとにいろいろな魚がとれます。トビウオは「アゴ」とよばれ、特産品となっています。隠岐諸島や島根半島の海岸近くでは、アワビ、サザエ、ウニ、ワカメなどがとれます。イワガキ、ワカメなどの養殖もおこなわれています。マダイやヒラメは人の手で育てて稚魚を放流する栽培漁業もおこなわれています。

内水面漁業は汽水湖の宍道湖や神西湖、江の川、斐伊川、高津川などでおこなわれています。宍道湖はヤマトシジミがよく知られています。

宍道湖七珍。ヤマトシジミ、シラウオ、ワカサギ、ウナギ、スズキ、ヨシエビ、コイなど宍道湖のめぐみをうけて育った7種類の魚介を使った料理。

41

● 中国地方

岡山県

漁業就業者数
1658人（2013年）

● 主な水産物ベスト5（2012年）
- カキ（殻つき） 1万7926トン
- ノリ 9932トン
- イカナゴ 906トン
- シラス 435トン
- カレイ類 359トン

漁業生産量（2012年）
- 内水面養殖業 61トン
- 内水面漁業 339トン
- 海面漁業 5309トン
- 海面養殖業 2万7972トン
- 計3万3681トン

岡山県の情報
○面積 7113km²（2013年） ○人口 193万161人（2013年） ○1人当たり県民所得 269.3万円（2011年）
○1世帯当たり生鮮魚介類購入量 30.32kg（2011～13年平均）

　岡山県の海は瀬戸内海の中央部にあり、大小80もの島々が散在し、海岸線が入りくんでいます。海の深さは、水深20m以内がほとんどの浅い海です。川から豊かな栄養塩が流れてきて、よい漁場となっています。
　岡山県の漁業生産量のうち、約80％をノリやカキの養殖がしめています。島かげが多く波がおだやかなこと、潮の干満の差が大きく、きれいな水が流れこんでくることなど、品質の高いノリやカキができる条件にめぐまれています。漁船による漁業では、イカナゴをはじめシラス、タコ、カレイ、ガザミなど、多くの種類の魚介類がとれます。
　内水面では、吉井川や旭川、高梁川などを中心にアユ漁が、県の北部ではアマゴの養殖もおこなわれています。

ままかり寿司。サッパ（岡山ではままかりという）の開きを酢漬けにして、にぎり寿司にしたもの。

●中国地方

広島県

日本海

島根県

岡山県

●漁業就業者数
4003人（2013年）

●主な水産物ベスト5（2012年）
カキ(殻つき)	11万4104トン
カタクチイワシ	1万88トン
ノリ類(養殖)	3003トン
シラス	2823トン
タチウオ	892トン

●漁業生産量（2012年）
- 海面養殖業 11万7879トン
- 内水面漁業 56トン
- 内水面養殖業 72トン
- 海面漁業 1万8837トン

計13万6844トン

江の川　アユ
太田川　アユ
芦田川　アユ

草津　広島
地御前
宮島水族館
広島市水産振興センター
広島県栽培漁業センター

カキ(養殖)
マアナゴ　音戸
柿浦　クロダイ
水産海洋技術センター
倉橋　タチウオ
エビ　カタクチイワシ　メバル
シラス　ナマコ　ヒラメ
ガザミ　マダイ　シャコ
ノリ(養殖)　アサリ

広島県の情報
○面積 8480km²（2013年）　○人口 283万9800人（2013年）　○1人当たり県民所得 303.0万円（2011年）
○1世帯当たり生鮮魚介類購入量 33.84kg（2011～13年平均）

　広島県の海は瀬戸内海の中西部に位置し、大小あわせて142もの島々が散在しています。これらの島々をあわせた海岸線の距離は1129kmにもなります。海域はせまいですが、よい漁場にめぐまれ、多くの種類の魚が生息しています。
　なかでもカキの養殖は古くからおこなわれていて、全国一の生産量をほこっています。県の漁業生産量の大半をしめています。海面漁業は量は少ないですが、種類は多いです。カタクチイワシが約半数をしめ、ほかにシラス、タチウオ、マダイ、エビ、クロダイ、マアナゴなどがとれます。カタクチイワシは煮た物を乾燥させ、イリコ（煮干し）にします。また稚魚はチリメンジャコに加工します。
　内水面では太田川など6つの川でアユ漁や、マス類の養殖がおこなわれています。

カキの土手鍋。カキととうふと野菜を煮て、みそで味をつける。

43

山口県

中国地方

漁業就業者数 5106人（2013年）

主な水産物ベスト5（2012年）

カタクチイワシ	5080トン
ノリ（養殖）	2700トン
マアジ	2135トン
カレイ類	1567トン
チダイ・キダイ	1423トン

地図上の表示

日本海側：キダイ、ウルメイワシ、ムシガレイ、トラフグ、マダイ、アンコウ、マアジ、アマダイ、ケンサキイカ、サバ、ケンサキイカ、ブリ、サザエ、イサキ、アワビ、カタクチイワシ、見島、萩博物館、水産研究センター外海研究部、湊、仙崎、萩、粟野川、スジアオノリ、アユ、ウニ、サワラ

響灘・瀬戸内海側：埴生、下関、海響館、クルマエビ、宇部岬、ノリ（養殖）、水産研究センター内海研究部、アカエビ、ガザミ、メイタガレイ、ハモ、トラフグ、佐波川、錦川、アユ、モクズガニ、マコガレイ、岩国市立ミクロ生物館、カタクチイワシ、なぎさ水族館、ナマコ、マダイ、タチウオ、マダコ

漁業生産量（2012年）

- 内水面漁業 17トン
- 海面養殖業 3556トン
- 内水面養殖業 51トン
- 海面漁業 2万9625トン
- 計3万3249トン

山口県の情報

- 面積 6114km²（2013年）
- 人口 141万9544人（2013年）
- 1人当たり県民所得 286.4万円（2011年）
- 1世帯当たり生鮮魚介類購入量 31.97kg（2011〜13年平均）

山口県は三方が海に開け、北は日本海に、西は響灘に、南は瀬戸内海に面しています。海岸線の総延長は1503kmで、全国第6位です。県内には97の漁港があり、昔から漁業がさかんです。

日本海側は大陸棚（浅くて平らな海底）が対馬や朝鮮半島までつづいていて、イワシやアジなどのほか、ブリやイサキ、イカ、フグ、アマダイ、アワビ、サザエ、ウニなどがとれます。さらにブリやクロマグロの養殖もおこなわれています。瀬戸内海の西部海域は干潟が広がり、エビ、ガザミの漁やノリの養殖が、中東部の海域は島や岩礁が多く、マダイやフグ、カレイ、タコの漁がおこなわれています。

内水面では、12の川でアユやモクズガニ、スジアオノリなどの漁がおこなわれています。

ふく刺し。フグの身の刺身。下関では幸せの福にあやかって、フグを「ふく」とよぶ。

44

徳島県

●四国地方

●漁業就業者数
2512人（2013年）

●主な水産物ベスト5（2012年）
- ワカメ（養殖） 6832トン
- ノリ（養殖） 4051トン
- ブリ（養殖） 3827トン
- シラス 3240トン
- カタクチイワシ 2076トン

●漁業生産量（2012年）
- 内水面養殖業 672トン
- 内水面漁業 198トン
- 海面漁業 1万4561トン
- 海面養殖業 1万5750トン
- 計3万1181トン

地図上の地名・水産物：
鳴門海峡、瀬戸内海、播磨灘、香川県、愛媛県、吉野川、那賀川、高知県、紀伊水道、太平洋

マダイ、ブリ（養殖）、ワカメ（養殖）、ウナギ（養殖）、スジアオノリ（養殖）、アユ（天然、養殖）、ウナギ（養殖）、ノリ（養殖）、イボダイ、ハモ、シラス、クマエビ、アユ（天然、養殖）、カタクチイワシ、アワビ、イセエビ、アオリイカ、アカムツ

粟田、瀬戸、土佐泊、粟津、長原、徳島、今津、中林、椿泊、伊島、由岐、牟岐、宍喰、鞆奥

徳島県立農林水産総合技術支援センター 水産研究課（鳴門）
徳島県立農林水産総合技術支援センター 水産研究課（美波）
モラスコむぎ（貝の資料館＆漁師さんの水族館）
徳島県漁業用牟岐無線局

徳島県の情報
- 面積 4147km²（2013年）
- 人口 76万9711人（2013年）
- 1人当たり県民所得 269.8万円（2011年）
- 1世帯当たり生鮮魚介類購入量 26.92kg（2011～13年平均）

波の静かな瀬戸内海の播磨灘、吉野川の栄養豊かな水が流れこむ紀伊水道、波高く黒潮が流れる太平洋と、異なる海に面する徳島県では、年間を通してさまざまな種類の魚が水揚げされます。

鳴門沿岸でとれるマダイは「鳴門鯛」とよばれ、おもに春に水揚げされます。この海域ではワカメの養殖もさかんで、はげしい潮の流れで育つ「鳴門わかめ」は有名です。ブリの養殖もさかんで、徳島県名産のすだちをエサにまぜて育てた「すだちぶり」の養殖もおこなわれています。

紀伊水道では、関西の夏の味覚にかかせないハモや、秋にはクマエビ（アシアカ）漁がさかんになります。

太平洋沿岸では、夏のアワビ、秋のアオリイカ、冬のイセエビなどの漁がおこなわれています。

ぼうぜ寿司。ぼうぜとはイボダイの徳島県における地方名。徳島の秋祭りにかかせない郷土料理。

45

● 四国地方

香川県（かがわけん）

● 漁業就業者数
2484人（2013年）

地図の表記

岡山県
広島県
播磨灘
小豆島
備讃瀬戸
燧灘
徳島県

カレイ、マダイ、ヒラメ(養殖)、ハモ、ノリ(養殖)、マアナゴ、香川大学瀬戸内圏研究センター庵治マリーンステーション、ブリ(養殖)、ノリ(養殖)、マダイ、イカナゴ、マダイ、ガザミ、サワラ、マアナゴ、ノリ(養殖)、マダイ、タコ、スズキ、マアナゴ、庵治、イカナゴ、サワラ、ノリ(養殖)、タコ、ガザミ、サワラ、アジ、クロダイ、高松、ヘラブナ(養殖)、カタクチイワシ、ノリ(養殖)、生里、ブリ(養殖)、ガザミ、エビ、ヘラブナ(養殖)、引田、カレイ、水産総合研究センター 香川県水産試験場・赤潮研究所、伊吹、伊吹島、ヘラブナ(養殖)、アユ(養殖)、カタクチイワシ、マアナゴ

● 漁業生産量（2012年）
内水面養殖業 17トン
海面漁業 1万8865トン
海面養殖業 3万4244トン
計5万3126トン

● 主な水産物ベスト5（2012年）
ノリ類(養殖)	2万2393トン
ブリ類(養殖)	9198トン
カタクチイワシ	7490トン
イカナゴ	2192トン
タコ類	955トン

香川県の情報
○面積 1877km²（2013年） ○人口 98万5487人（2013年） ○1人当たり県民所得 279.0万円（2011年）
○1世帯当たり生鮮魚介類購入量 30.65kg（2011〜13年平均）

　瀬戸内海の東部に位置する香川県は、東から播磨灘、備讃瀬戸、燧灘の3つの海に面しています。これらの海には小豆島をはじめ大小の島がつらなり、しかも起伏の多い海底や潮流により、魚介類の種類が多いです。
　燧灘では、さぬきうどんのだしに欠かせないカタクチイワシを原料とするイリコ（煮干し）の加工がさかんです。燧灘の小さな島の伊吹島は、イリコの島として知られています。
　エビやカレイ、サワラなどのほか、海底にタコ壺をしかけてとるタコ漁もさかんです。
　播磨灘や瀬戸内海沿岸では、魚の養殖もおこなわれています。東かがわ市の引田は、世界で初めてブリの養殖に成功した場所です。

サワラの押し抜き寿司。香川県の農家では、春になるとこの寿司を作ってもてなすしきたりがある。

（写真提供：香川県農政水産部農業経営課）

● 四国地方

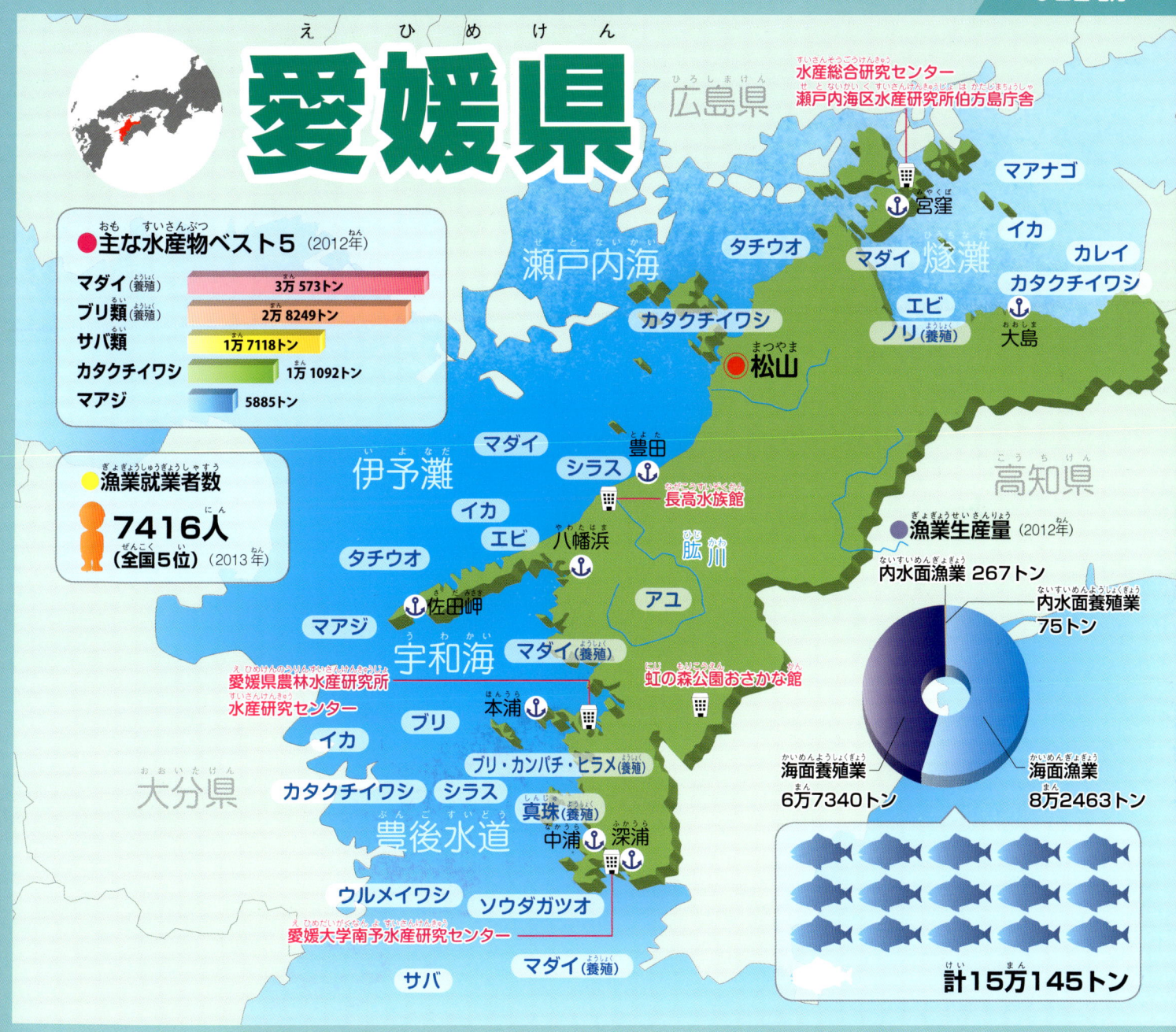

愛媛県

●主な水産物ベスト5（2012年）
- マダイ（養殖） 3万573トン
- ブリ類（養殖） 2万8249トン
- サバ類 1万7118トン
- カタクチイワシ 1万1092トン
- マアジ 5885トン

●漁業就業者数 7416人（全国5位）（2013年）

広島県／水産総合研究センター 瀬戸内海区水産研究所伯方島庁舎／マアナゴ／宮窪／イカ／瀬戸内海／タチウオ／マダイ／燧灘／カレイ／カタクチイワシ／エビ／ノリ（養殖）／大島／松山／豊田／マダイ／シラス／長高水族館／伊予灘／イカ／エビ／八幡浜／高知県／肱川／アユ／タチウオ／佐田岬／マアジ／宇和海／マダイ（養殖）／虹の森公園おさかな館／愛媛県農林水産研究所水産研究センター／本浦／ブリ／イカ／大分県／カタクチイワシ／シラス／ブリ・カンパチ・ヒラメ（養殖）／真珠（養殖）／中浦／深浦／豊後水道／ウルメイワシ／ソウダガツオ／愛媛大学南予水産研究センター／マダイ（養殖）／サバ

●漁業生産量（2012年）
- 内水面漁業 267トン
- 内水面養殖業 75トン
- 海面養殖業 6万7340トン
- 海面漁業 8万2463トン
- 計15万145トン

愛媛県の情報
○面積 5679㎢（2013年）　○人口 140万5192人（2013年）　○1人当たり県民所得 267.3万円（2011年）
○1世帯当たり生鮮魚介類購入量 27.78kg（2011〜13年平均）

　愛媛県は北は波が静かな瀬戸内海、西に豊後水道、南に黒潮が沿岸を流れる太平洋に面しています。
　瀬戸内海沿岸では、香川県と同じように船びき網漁のほか底びき網がさかんです。
　愛媛県の西海岸の宇和島付近では、イワシ、アジ、サバなどを、大きな網でかこってとるまき網漁がおこなわれています。佐多岬半島で水揚げされたサバやアジは「岬さば」、「岬あじ」として知られています。

　西海岸は、小さな湾が入りくんだリアス海岸がつらなっています。どれも波の静かなきれいな湾なので、魚の養殖がおこなわれています。真珠をとるアコヤガイの養殖のほか、マダイやブリ、カンパチ、ヒラメの養殖がさかんです。マダイの養殖の生産額では日本一をほこります。

宇和島地方のタイ飯。タイの切り身をタマゴをといただし汁に入れてごはんの上にのせて食べる。

47

● 四国地方

高知県(こうちけん)

●漁業就業者数
3970人 (2013年)

●漁業生産量 (2012年)
- 海面養殖業 2万182トン
- 内水面養殖業 467トン
- 内水面漁業 144トン
- 海面漁業 8万4403トン

計10万5196トン

地図上の表示:
- 愛媛県、徳島県
- 仁淀川、アユ、高知
- 高知県水産振興部 内水面漁業センター
- 高知県水産振興部 水産試験場
- 宇佐、マダイ（養殖）、ブリ（養殖）、カンパチ（養殖）
- 桂浜水族館、安芸、加領郷
- 須崎、エビ
- マイワシ、カタクチイワシ、ウルメイワシ
- マサバ、ゴマサバ、ブリ
- 高知県海洋深層水研究所
- 室戸岬、アジ
- 四万十川、アユ
- 佐賀、スジアオノリ
- 土佐湾、シイラ、シラス、トビウオ、アジ
- キンメダイ、ソウダガツオ
- 太平洋
- テナガエビ、田ノ浦
- 四万十川学遊館 さかな館
- マダイ（養殖）、カンパチ（養殖）、ブリ（養殖）、クロマグロ（養殖）
- 清水、ブリ、ゴマサバ、マサバ、ソウダガツオ
- 高知県立足摺海洋館
- マイワシ、ウルメイワシ、カタクチイワシ、アジ
- キビナゴ、足摺岬
- キンメダイ、カツオ、マグロ、ビンナガ

●主な水産物ベスト5 (2012年)
カツオ	1万6714トン
ビンナガ	1万3473トン
ソウダガツオ	9080トン
ブリ（養殖）	9016トン
サバ類	6372トン

高知県の情報
- 面積 7105km² (2013年)
- 人口 74万4921人 (2013年)
- 1人当たり県民所得 219.9万円 (2011年)
- 1世帯当たり生鮮魚介類購入量 31.35kg (2011～13年平均)

暖かい海水の暖流の黒潮が、四国の太平洋側にそって流れています。室戸岬から足摺岬に東西にひろがる土佐湾では、この黒潮の流れにのってやってくる、カツオ、マグロ類、シイラなどの漁がおこなわれています。カツオ漁は、春に土佐沖へ北上する「初ガツオ」や秋に北から南下する「戻りガツオ」の一本釣り漁が知られています。

カツオは、かつお節の原料にもなります。これは江戸時代からの土佐（高知県）の代表的な産物です。宗田節になるソウダガツオ漁もさかんです。

四万十川や仁淀川などの水のきれいな川があり、カワエビ漁やアユ漁がおこなわれています。四万十川の河口付近では青のり（スジアオノリ）漁や青さのり（ヒトエグサ）の養殖がさかんです。

サバの皿鉢。高知県の代表的な郷土料理で、とくに清水サバ（ゴマサバ）は脂がたっぷりのっておいしい。

●九州・沖縄地方

福岡県

●漁業就業者数
5140人（2013年）

●主な水産物ベスト5 （2012年）
- ノリ類（養殖） 4万7113トン
- サバ類 1万5706トン
- マアジ 7661トン
- ブリ類 1829トン
- マダイ 1724トン

●漁業生産量 （2012年）
- 内水面漁業 402トン
- 内水面養殖業 341トン
- 海面漁業 4万6280トン
- 海面養殖業 4万9185トン
- 計9万6208トン

地図上の地名・水産物：
山口県／筑前海（玄界灘）／豊前海（周防灘）／響灘／マアジ／フグ／ブリ／イカ／マサバ／マダイ／イサキ／鐘崎／脇田／蓑島／カキ（養殖）／カレイ／ガザミ／エビ／宇島／マリンワールド海の中道／福岡県水産海洋技術センター／船越／カキ（養殖）／福岡／コイ／佐賀県／筑後川／大分県／エツ／アユ／矢部川／沖端／中島／ノリ（養殖）／アサリ／有明海／エビ／熊本県

福岡県の情報
○面積 4979km²（2013年） ○人口 508万9677人（2013年） ○1人当たり県民所得 277.8万円（2011年）
○1世帯当たり生鮮魚介類購入量 28.36kg（2011～13年平均）

　福岡県には、玄界灘や響灘が位置する筑前海、周防灘が位置する豊前海、それに有明海の3つの海があります。
　筑前海は対馬暖流が流れ、海底には天然の藻場ができています。ここではマアジやマサバ、ブリなどの回遊魚や、マダイやイカ、フグなどの魚、アワビやサザエなどがとれます。
　豊前海の沿岸には干潟が広がり、カレイやエビ、カニ、アサリなどがとれ、カキの養殖もさかんです。
　有明海は内湾で、水深は15m未満。干潮のとき広い干潟があらわれます。ノリの養殖がさかんで、干潟ではカニ、アサリ、エビなどがとれます。
　内水面は筑後川や矢部川などの川で、アユ、オイカワ、コイなどの漁をおこなっています。

あぶってかも（スズメダイの塩焼き）。あぶってすぐに食べると、カモの味がすることから名づけられたという。

49

● 九州・沖縄地方

佐賀県

地図中のラベル

- カタクチイワシ
- イカ
- マサバ
- ブリ
- 玄界灘
- マダイ
- 呼子
- アワビ
- マアジ
- ウニ
- 名護屋
- 唐房
- 唐津湾
- クルマエビ
- 高串
- ガザミ
- 福岡県
- ヒラメ
- 佐賀県玄海水産振興センター
- 松浦川
- アユ
- 嘉瀬川
- スッポン（養殖）
- 佐賀県有明水産振興センター
- 佐賀
- ウナギ
- 福所江
- 筑後川
- 戸ヶ里
- 六角川
- 廻里江
- 浜
- ノリ（養殖）
- ムツゴロウ
- ノリ（養殖）
- ワラスボ
- シオマネキ
- 道越
- 有明海
- ガザミ
- シャコ
- 長崎県
- アサリ
- タイラギ
- 熊本県

漁業就業者数
4260人（2013年）

主な水産物ベスト5（2012年）

ノリ類	8万307トン
貝類	3884トン
サバ類	3336トン
マアジ	1796トン
イワシ類	1095トン

漁業生産量（2012年）

- 内水面漁業 17トン
- 海面漁業 1万6872トン
- 海面養殖業 8万2162トン
- 計9万9051トン

佐賀県の情報

- 面積 2440km²（2013年）
- 人口 83万9670人（2013年）
- 1人当たり県民所得 239.9万円（2011年）
- 1世帯当たり生鮮魚介類購入量 33.96kg（2011～13年平均）

佐賀県は北に玄界灘、南に有明海という性質がまったく異なる2つの海に面しています。

玄界灘の海岸線は入りくんだリアス海岸で、総延長は約260km。沖合は対馬暖流が流れ、天然の岩礁が多く、マダイやブリ、イカ、アジ、サバなどの漁場となっています。また沿岸の唐津湾をはじめとする各湾では、マダイやブリ、カキ、ウニやアワビ、クルマエビ、真珠などの養殖がさかんです。

有明海の面積は東京湾とほぼ同じです。佐賀県が面している海は、深いところでも20mくらいの浅い海です。干満の差は6m以上になり、干潮のときは広い干潟ができます。ここではノリの養殖をはじめ、タイラギやスズキ、エビ、カニなどの漁がさかんです。また、アサリやサルボウガイの養殖もおこなわれています。

呼子のイカのいきづくり。玄界灘でとれたばかりの透明なケンサキイカをいきづくりにしたもの。

50

● 九州・沖縄地方

長崎県

地図上の情報

- 対馬：イカ、ブリ、アマダイ、マアナゴ、クロマグロ(養殖)、真珠(養殖)、美津島
- 壱岐：マダイ、ブリ、イカ、勝本
- サバ、クロマグロ
- 五島列島：ブリ、イサキ、マアジ、トビウオ、青方、鯛ノ浦、ブリ、クロマグロ(養殖)、マアジ、マダイ、カツオ、荒川
- 松浦：クロマグロ(養殖)、トラフグ(養殖)
- 佐世保：マダイ(養殖)、西海パールシーセンター水族館
- 大村湾：ナマコ、カキ(養殖)、真珠(養殖)
- 長崎：長崎ペンギン水族館、トラフグ(養殖)、クロマグロ(養殖)、カタクチイワシ、マダイ、マアジ
- 橘湾
- 東シナ海、有明海、佐賀県、福岡県、大分県

漁業就業者数
1万4310人（全国2位）（2013年）

主な水産物ベスト5（2012年）
サバ類	6万8454トン
アジ類	4万6718トン
イワシ類	4万2490トン
ブリ類	1万9209トン（天然1万592トン、養殖8617トン）
イカ類	1万8086トン

漁業生産量（2012年）
- 内水面養殖業 7トン
- 海面養殖業 2万1727トン
- 海面漁業 24万5565トン
- 計26万7299トン

長崎県の情報
- 面積 4106km²（2013年）
- 人口 139万6785人（2013年）
- 1人当たり県民所得 235.1万円（2011年）
- 1世帯当たり生鮮魚介類購入量 34.38kg（2011〜13年平均）

長崎県は海岸線が複雑に入りくんでいて湾や入り江が多く、全長約4200kmにもたっし、また島の数も多く、広大な漁場にめぐまれています。漁業生産量・生産額ともに北海道についで全国2位です。

漁獲量の70%をしめる沖合漁業では、アジやサバ、イワシ、イカなどがとれます。また沿岸漁業ではマダイやトビウオ、ブリ、フグ、アワビ、サザエなど、さまざまな魚がとれます。波が静かな入り江などで、ブリやトラフグ、マダイ、クロマグロ、カキ、真珠などの養殖をおこなっています。

独自の基準をきめたブランド魚も多く出荷しています。マアジの「ごんあじ」「野母んあじ」「旬あじ」、カキの「華漣」、こだわりの水産加工品、平成「長崎俵物」などがあげられます。

長崎刺盛。「長崎県の魚愛用店」で出される県産魚の刺身の盛り合わせ。

●九州・沖縄地方

熊本県

●漁業就業者数
6882人
（全国7位）（2013年）

●漁業生産量（2012年）
- 内水面養殖業 440トン
- 内水面漁業 60トン
- 海面漁業 2万1780トン
- 海面養殖業 6万1845トン

計8万4125トン

●主な水産物ベスト5（2012年）
- ノリ類（養殖） 4万4521トン
- マダイ（養殖） 8154トン
- ブリ類（養殖） 6068トン
- カタクチイワシ 4006トン
- ウルメイワシ 3102トン

地図内の地名・海・川：
佐賀県／福岡県／大分県／長崎県／宮崎県
有明海／天草灘／八代海
菊池川／白川／緑川／球磨川
熊本／塩屋／鳩の釜／二江／富岡／佐伊津／宮田／大多尾／御所浦／下桶川／合串／丸島／大江／牛深

水産物：アユ／ノリ（養殖）／アサリ／クルマエビ／ノリ（養殖）／ハマグリ／マダコ／ヒラメ／ハモ／マダコ／アサリ／ガザミ／クルマエビ／コノシロ／マサバ／マアジ／イセエビ／ブリ（養殖）／ハモ／トラフグ（養殖）／マダイ／マダイ（養殖）／カサゴ／ヒラメ／マアジ／イサキ／ブリ（養殖）／タチウオ／カタクチイワシ／ウルメイワシ

熊本県水産研究センター
わくわく海中水族館シードーナツ

熊本県の情報
○面積 7405km²（2013年）　○人口 180万1061人（2013年）　○1人当たり県民所得 239.9万円（2011年）
○1世帯当たり生鮮魚介類購入量 26.39kg（2011〜13年平均）

　熊本県の沿岸漁業は、有明海、八代海、天草灘の3つの海からなります。有明海は浅い内海で、干潮の時には広い干潟ができます。ここではアサリやハマグリ、クルマエビやガザミ、スズキやボラなどがとれます。またノリの養殖もさかんです。
　八代海は天草諸島にかこまれた内海で、湾の奥では多くの魚類が産卵し成長しています。ここではクルマエビやガザミ、アサリがとれます。また南部ではタチウオ、マダイがとれ、マダイやブリ、トラフグの養殖がさかんです。

　天草灘は対馬暖流や有明海・八代海からの沿岸水がぶつかり、よい漁場となっています。沖合ではアジ、サバ、イワシが、湾岸部ではマダイ、フグ、ヒラメなどが、磯ではアワビ、イセエビ、ウニなどがとれます。

このしろ姿寿司。正月などの祝いの行事食として、新鮮なコノシロを使ってつくる。

52

●九州・沖縄地方

大分県(おおいたけん)

●漁業就業者数(ぎょぎょうしゅうぎょうしゃすう)
4110人(にん)(2013年)

●漁業生産量(ぎょぎょうせいさんりょう)(2012年)
- 内水面養殖業(ないすいめんようしょくぎょう) 321トン
- 内水面漁業(ないすいめんぎょぎょう) 269トン
- 海面漁業(かいめんぎょぎょう) 4万543トン
- 海面養殖業(かいめんようしょくぎょう) 2万6368トン

計6万7501トン

【地図内ラベル】
- 福岡県
- 熊本県
- 宮崎県
- 豊前海(ぶぜんかい):バカガイ、アサリ、アカガイ、ガザミ、シャコ、カキ(養殖)、ノリ(養殖)、クルマエビ(養殖)、カレイ、フグ
- 竹田津、香々地、小祝、長洲
- 農林水産研究指導センター 浅海チーム
- 豊後灘(ぶんごなだ):タコ、タチウオ、サワラ、マダイ
- スッポン(養殖)、ドジョウ(養殖)、アユ
- 農林水産研究指導センター 内水面チーム
- カキ(養殖)
- 亀川、カレイ、大分県マリーンパレス水族館うみたまご
- 別府湾(べっぷわん):アジ、サバ、シラス
- 大分、神崎、佐賀関、臼杵、保戸島、真珠(養殖)、松浦、蒲江
- フグ、マグロ類、ブリ・ヒラメ・マダイ(養殖)、シラス、マダイ、ブリ、イワシ類
- 農林水産研究指導センター 水産研究部
- 豊後水道(ぶんごすいどう)
- ヤマメ(養殖)、アマゴ(養殖)

●主な水産物ベスト5(2012年)
ブリ類(養殖)	2万2902トン
イワシ類	1万7259トン
サバ類	4681トン
マグロ・カジキ類	4070トン
アジ類	2994トン

大分県の情報

- 面積 6430km²(2013年)
- 人口 117万8476人(2013年)
- 1人当たり県民所得 248.8万円(2011年)
- 1世帯当たり生鮮魚介類購入量 32.23kg(2011～13年平均)

　大分県北部には日本三大干潟のひとつ豊前海があり、カキやノリの養殖がおこなわれ、浅い海ではエビやカレイなどの漁をしています。豊後灘から別府湾、豊後水道にかけては、瀬戸内海の内海水と黒潮からの外洋水がまじりあう豊かな漁場で、マダイやアジ、サバ、タチウオなどの漁がおこなわれています。また県南部のリアス海岸は天然の良港で、ブリやヒラメ、マダイ、クロマグロの養殖もさかんです。
　内水面ではアユ、ウナギなどがとれます。また温泉水を利用してウナギやスッポン、ドジョウなどの養殖もおこなわれています。
　大分県の漁業の対象魚は、中高級の魚介類が多く、関アジ(マアジ)や関サバ(マサバ)など、全国に知られるブランド魚を次つぎに売りだしています。

ブリのあつめし。ブリをしょうゆベースのたれにつけて、お茶漬け風にして食べる。

53

●九州・沖縄地方

宮崎県

●主な水産物ベスト5（2012年）
- マグロ類 2万1436トン
- イワシ類 1万9729トン
- カツオ類 1万7123トン
- サバ類 1万4886トン
- アジ類 4386トン

●漁業就業者数 2677人（2013年）

地図内の地名・魚種：
ヤマメ、五ヶ瀬川、耳川、アユ、すみえファミリー水族館、カンパチ（養殖）、ブリ（養殖）、島野浦、土々呂、門川、カタクチイワシ、ウルメイワシ、アジ、熊本県、小丸川、サバ、マダイ、日向灘、一ツ瀬川、アユ、川南、ウナギ（養殖）、ヒラメ、シイラ、大淀川、大淀川学習館、宮崎、青島、マダイ、鹿児島県、アジ、油津、イセエビ、目井津、ブリ（養殖）、カンパチ（養殖）、都井、トビウオ、マグロ、カツオ

●漁業生産量（2012年）
- 内水面漁業 63トン
- 内水面養殖業 4014トン
- 海面養殖業 1万2938トン
- 海面漁業 8万6534トン
- 計10万3549トン

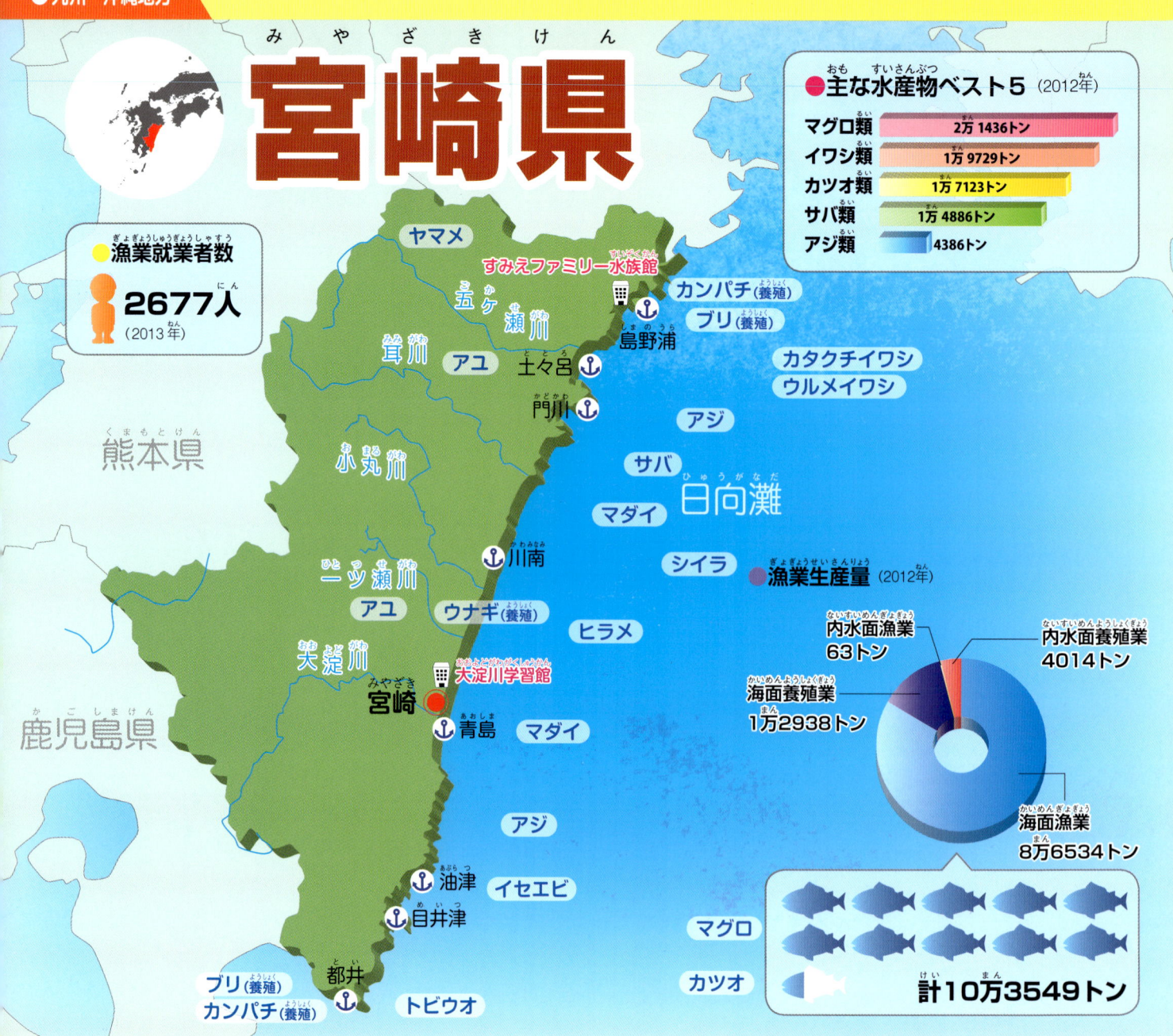

宮崎県の情報
○面積 7736km²（2013年） ○人口 112万489人（2013年） ○1人当たり県民所得 220.8万円（2011年）
○1世帯当たり生鮮魚介類購入量 28.63kg（2011〜13年平均）

　宮崎県の海岸線は、総延長400km。北部と南部は入りくんでいますが、中部は平坦な砂浜です。沖合は黒潮の影響が強く、カツオやマグロ類など回遊する魚の漁場となっています。漁獲量が多いのはビンナガやキハダなどのマグロ類やカツオで、いずれも全国の上位をしめています。とくに近海のカツオ一本釣り漁業の漁獲量は1994年から19年連続日本一となっています。
　沿岸は川からの水や、北から南下する沿岸流、黒潮などがぶつかり、イワシやサバ、アジなどの漁場となっています。北部や南部の湾では、ブリやカンパチ、マダイなどの養殖がおこなわれています。また、県内沿岸では、ヒラメやカサゴなどの稚魚を放流しています。
　内水面ではアユやコイ、ウナギなどの養殖がさかんです。

かつおめし。だしにカツオの刺身を2〜3時間つけ、ご飯にのせて、熱いお茶をそそいで食べる。

●九州・沖縄地方

鹿児島県

●漁業就業者数
7200人
(全国6位)（2013年）

●主な水産物ベスト5（2012年）
- ブリ（養殖） 2万7513トン
- カンパチ（養殖） 2万3170トン
- マグロ類 2万659トン
- イワシ類 1万3628トン
- カツオ類 1万2967トン

●漁業生産量（2012年）
- 内水面養殖業 7329トン
- 海面漁業 8万7886トン
- 海面養殖業 5万7297トン
- 計15万2512トン

地図内の記載：
薄井 ブリ（養殖）、阿久根、ヒゲナガエビ、マアジ、キビナゴ、串木野、甑島、シラス、カタクチイワシ、マダイ、鹿児島、いおワールドかごしま水族館、ブリ（養殖）、ウルメイワシ、マダイ、かごしま豊かな海づくり協会、バショウカジキ、カンパチ（養殖）、シラス、ヒゲナガエビ、枕崎、山川、ウナギ（養殖）、鹿児島県水産技術開発センター、イセエビ、徳之島、カツオ、沖永良部島、奄美大島、クルマエビ（養殖）、ゴマサバ、アサヒガニ、トビウオ、アオリイカ、種子島、ソデイカ、クロマグロ（養殖）、アオダイ、屋久島、与論島、マグロ、メダイ

熊本県、宮崎県

鹿児島県の情報
- 面積 9189km²（2013年）
- 人口 167万9619人（2013年）
- 1人当たり県民所得 243.1万円（2011年）
- 1世帯当たり生鮮魚介類購入量 24.97kg（2011～13年平均）

　鹿児島県の海岸線の総延長は2643kmと、全国第3位の長さがあります。県の範囲は南北600kmにおよび、多くの島が点在しています。暖流の黒潮が近くを流れており、好漁場となっています。

　年間をとおして、比較的水温が高く、入り江などおだやかな場所では、養殖業がさかんです。養殖業ではブリやカンパチが全国第1位、クロマグロ、クルマエビは全国第2位（2013年）の生産量をほこっています。

　沿岸や沖合では、一本釣りや刺網、まき網などの多様な漁業がおこなわれ、マグロ類やカツオ、トビウオ、アジ、サバ、マダイなどがとられています。

　内水面の養殖業は、ほとんどがウナギで、全国第1位の生産量をほこっています。

さつまあげ。トビウオやエソ、グチ（ニベ類）、アジ、イワシなどの魚をすりつぶし、調味料をくわえて、油であげたもの。

55